金属有机骨架基
超级电容器电极材料

曹小漫　著

本书数字资源

北　京

冶　金　工　业　出　版　社

2023

内 容 提 要

本书内容涉及柔性超级电容器研究现状、MOFs 材料的应用以及 MOFs 材料在超级电容器领域的应用等，重点介绍了以 MOFs 为前驱体制备了 MOFs-衍生的多层级孔碳材料和 MOFs 复合材料，并作为电极材料应用于柔性全固态超级电容器；研究了 MOFs 粒径尺寸的大小和热解温度对 MOFs-衍生碳材料微观结构的影响，为 MOFs-衍生多孔碳的合成提供经验；开发了在集流体上原位制备 MOFs 复合电极材料的新方法，为制备具有强机械稳定性的高性能柔性超级电容器电极提供参考。

本书可供新能源材料及储能行业等领域的科研人员和工程技术人员参考，也可以作为高等院校相关专业本专科及研究生的教材或教学参考书。

图书在版编目 (CIP) 数据

金属有机骨架基超级电容器电极材料／曹小漫著 . —北京：冶金工业出版社，2023.6

ISBN 978-7-5024-9543-5

Ⅰ . ①金…　Ⅱ . ①曹…　Ⅲ . ①电容器—电极—材料—研究　Ⅳ . ①TM53

中国国家版本馆 CIP 数据核字（2023）第 114297 号

金属有机骨架基超级电容器电极材料

出版发行	冶金工业出版社	**电　话**	(010)64027926
地　址	北京市东城区嵩祝院北巷 39 号	**邮　编**	100009
网　址	www. mip1953. com	**电子信箱**	service@ mip1953. com

责任编辑　于昕蕾　李培禄　美术编辑　吕欣童　版式设计　郑小利
责任校对　范天娇　责任印制　禹　蕊
三河市双峰印刷装订有限公司印刷
2023 年 6 月第 1 版，2023 年 6 月第 1 次印刷
710mm×1000mm　1/16；8 印张；155 千字；119 页
定价 54.00 元

投稿电话　　(010)64027932　投稿信箱　tougao@cnmip. com. cn
营销中心电话　(010)64044283
冶金工业出版社天猫旗舰店　yjgycbs. tmall. com
（本书如有印装质量问题，本社营销中心负责退换）

前　言

柔性超级电容器（flexible supercapacitors），作为一类新兴的能源存储器件，因具有许多独特的优势，例如尺寸小、质量轻、可折叠、可穿戴、安全性高而被广泛关注。随着可穿戴电子工业的迅速发展，迫切需求研制高能量密度并具有极好的机械稳定性的柔性超级电容器。构建高性能柔性超级电容器过程中最为关键的问题是设计具有优良电容性能和极好机械柔韧性的电极材料。金属有机骨架材料（metal-organic frameworks，MOFs），作为一类迷人的固态晶体材料，是由金属离子和有机配体配位构成的周期性排列的多孔结构，由于它们固有的大的比表面积、高孔隙率、可调控的结构和性质等特点，作为新兴的电极材料在柔性全固态超级电容器领域具有很好的应用前景。

本书作者多年来围绕 MOFs 材料为研究对象开展研究工作，以 MOFs 为前驱体制备了 MOFs-衍生的多层级孔碳材料和 MOFs 复合材料，并作为电极材料应用于柔性全固态超级电容器。本书分为 5 章，第 1 章对柔性超级电容器及柔性超级电容器电极材料、MOFs 复合材料、MOFs 材料在超级电容器中的应用等内容进行了概述；第 2 章介绍了 MOFs-衍生的多层级孔碳材料的制备及柔性超级电容器性能研究；第 3 章介绍了中空核壳 ZnO@ZIF-8 的制备及柔性超级电容器性能研究；第 4 章介绍了 MOF 衍生的多孔碳/CoO 复合材料的制备及其电容性能研究；第 5 章总结了 MOFs 粒径尺寸的大小和热解温度对 MOFs-衍生碳材料微观结构的影响，为 MOFs-衍生多孔碳的合成提供经验。本书开发了在集流体上原位制备 MOFs 复合电极材料的新方法，为制备具有强机械稳定性的高性能柔性超级电容器电极提供参考。

　　本书在编写过程中参考了有关的著作和文献资料，在此，向有关作者和工作在相关领域最前端的优秀科研人员致以诚挚的谢意，感谢他们对 MOFs 基电极材料在超级电容器领域的发展做出的巨大贡献。

　　随着 MOF 基超级电容器电极材料的不断发展，书中的研究方法和研究结论也有待更新和更正。由于作者水平所限，书中不妥之处，欢迎各位读者批评指正。

曹小漫

2023 年 3 月

目　　录

1 绪　　论

1.1 引　　言

在 21 世纪，很难想象一个没有移动电话、笔记本电脑、照相机、智能手表、定位追踪器等便携式、可穿戴电子设备的世界会是什么样子，因为它们已经在很大程度上改变了人们的生活方式，也给人们的生活带来很多便利。然而，由于这些智能电子设备越来越多的能量消耗，因此急需改进能源存储设备。当今，正在构建可持续清洁能源替代化石燃料的新时代，相当大的努力正致力于开发新的技术用于生产可再生能源，例如太阳能、风能、潮汐能，然而这其中最大的挑战是这些可再生能源的供应是间歇性的，强烈依赖自然环境。另一个主要问题是这些可再生能源的地理分布是不均衡的。就这一点而言，发展高效、稳定、环境友好型的电化学能源存储（electrochemical energy storage，EES）设备对于推进可再生能源的经济利用是必须的。在众多的能源存储系统中，超级电容器（supercapacitors，SCs）和电池在能量比较图（Ragone plot）棋盘中是最优秀的选手，得到学术界和工业界的广泛关注[1]。超级电容器和电池最基本的区别在于它们的电荷存储机制以及电极的材料/结构不同。通常，电池被设计成通过发生法拉第反应在电极材料中存储电荷，以提供较高的能量密度。然而，超级电容器是通过表面电荷存储机制存储电荷，其能够提供较高的功率密度[2]。

在过去的十年里，伴随着不断出现在各个方面的应用，例如便携式电子产品、生物医学、家用电器、运动、清洁能源、环境，柔性可穿戴微型电子器件和系统起到了重要的作用[3]。柔性电子设备的商业化对现有的能源存储系统提出了新的挑战[4]。例如，新一代能源存储器件需要在长期的连续机械变形（例如弯曲、折叠、扭曲、拉伸）状态下，仍能保持优异的电化学性能。而且，当前在可移植、可穿戴医疗保健器件方面的研究进展也指向了开发能够自身供应能量的可持续能源存储器件（例如肺活量计、血压计、腕带），它可以收集、存储身体产生的能量（例如通过呼吸、手臂压迫、胸外心脏按压等活动产生的能量），将收集的能量用来启动小型电子设备[5]。在制造柔性能源存储器件的过程中，最为关键的挑战是设计和组装与柔性电极相匹配的电解质和隔膜，使其具有较高的能量密度和功率密度以及很好的循环稳定性能。在制造柔性器件过程中，要将安全性和成本效益考虑在内，特别是对于可穿戴、可移植的器件。因此，柔性能源存储系统是下一代可移植、可穿戴电子工业发展所迫切需要的。

1.2　柔性超级电容器概述

超级电容器是具有很好应用前景的能源存储器件，在过去几十年间吸引了学术界和工业界的广泛关注。与传统电容器相比，超级电容器能够提供更高的能量密度；与电池相比，超级电容器能够提供更高的功率密度以及更长久的循环使用寿命[6]。目前，超级电容器广泛应用于生活中的各个方面，例如家用电器、运输、军事、航空航天、备用电源等领域，起到保护、改善、替换电池的作用[7]。传统超级电容器通常是由一个隔膜夹于两个电极之间，然后与液态电解液一起封装在厚重的电池壳中组装成的器件，由于其体积庞大且笨重，在可穿戴应用中具有明显的缺陷。例如，有毒的液态电解液需要高安全性的封装材料和技术进行封装，以防在使用过程中发生电解液泄漏。而且，超级电容器各组件只能按特定的形状进行组装，例如纽扣和螺旋形圆筒形状，很难与其他功能系统的电路主板结合。为了克服这些局限性，柔性全固态超级电容器作为一类新的能源存储器件诞生了，并且在最近几年吸引了广泛的关注[8]。柔性全固态超级电容器是由柔性电极、固态电解质、隔膜、柔性封装材料组成的。与传统电容器对比，其主要的优势是使用了固态电解质和柔性电极，可以组装成薄、轻、小的任何形状和尺寸的器件，因此增加了它们在柔性、可穿戴电子工业中的应用潜能。

1.2.1　柔性超级电容器的分类

1.2.1.1　柔性超级电容器按机理分类

超级电容器根据储能机理不同通常被分成两大类[9]，即电化学双电层电容器（EDLC）和赝电容器。在 EDLC 中，电荷存储在电极/电解质的界面。电荷分离是物理过程，在电极表面没有任何法拉第反应发生。电化学双电层电容主要取决于电极的表面性质，例如，孔尺寸分布和比表面积[10]。曾有人认为，双电层电容器中电极的孔尺寸应该约为电解质离子尺寸的 2 倍，能够允许全部的电解质离子接近孔壁。而且，如果溶剂离子的尺寸超出孔的直径，那么溶剂离子不能进入孔中。然而，一些研究已经通过实验证实这个假设是错误的，报道的具有突破性的比电容值是通过减小孔尺寸，使孔尺寸小于电解质离子尺寸的 2 倍获得的[11]。最终，没能得出比表面积与平均孔尺寸之间的明确关系，表明电容值不随比表面积和平均孔尺寸的增加而增加[12]。根据 Monte Carlo 模拟结果，随着孔径的减小，电容却异常增加，可归因于孔内离子的静电相互作用以及镜像电荷离子吸引到孔表面作用的指数屏蔽[13]。最近的报道表明，对比电容的增加起到重要作用的是孔尺寸和碳纳米结构，而不是比表面积[14]。最近发展的各种各样的先进技术，例如原位光谱、仿真技术可以更进一步了解碳基材料电荷存储的物理过程和起因。

Conway 的工作表明，不同的法拉第反应会引起不同的电容性的电化学特征，例如（1）欠电位沉积；（2）氧化还原反应赝电容（通常可在 $RuO_2 \cdot nH_2O$ 中观察到）；（3）嵌入式赝电容（可在 V_2O_5、TiO_2、Nb_2O_5 中观察到）。当金属离子在不同金属表面形成吸附单层时，欠电位沉积经常发生[15]。在氧化还原反应赝电容中，电荷存储是通过表面或近表面电荷转移反应进行的。嵌入式赝电容的机理是最近提出的，通过电解质离子插入氧化还原活性材料的孔道或层间伴随法拉第电荷转移，而不改变晶体的原始结构。

1.2.1.2 柔性超级电容器按组装方式分类

超级电容器根据组装方式不同可分为对称型和非对称型两种。对称型超级电容器是由两片完全相同的电极即同一材料并且质量相同的电极组成。对称型柔性全固态超级电容器展示了较小的工作电压窗口（约 1V），导致其能量密度较低。为了扩大超级电容器的实际应用范围，需要在不牺牲功率密度和循环稳定性的前提下，进一步提高和扩大能量密度和工作电压窗口。为达到这一目的，一种新兴的方法就是组装成不对称型超级电容器[16]。与对称型超级电容器相比，不对称型超级电容器由两个具有不同电荷存储机制的电极组成，例如法拉第赝电容电极材料作为正极，非法拉第赝电容电极材料作为负极[17]。在不对称超级电容器器件中，两个电极在不同电压窗口范围下工作，尽管在水系电解液中，工作电压窗口也可扩大到 2.0V。这个工作电压范围明显大于对称型超级电容器的工作电压范围，因此能够显著提高该器件的能量密度。

柔性全固态超级电容器器件可以设计成"三明治"结构[18]、平面或芯片结构[19]、纤维型[20]、电线型[21]、电缆型[22]等适用于各种各样应用情景的电容器结构。特别值得注意的是，与可穿戴电子器件结合的柔性全固态超级电容器的设计需要具有很高的安全性，必须具有极好的机械柔韧性，能够存储足够的能量来满足实际需要。

1.2.2 柔性超级电容器的电极材料

柔性全固态超级电容器的性能在很大程度上取决于电极材料和电解质。器件的组装是决定柔性全固态超级电容器性能的重要因素。因此，根据电极材料的组装方式，柔性全固态超级电容器可以分成两类：对称型柔性全固态超级电容器和不对称型全固态超级电容器。一些材料、例如纳米碳材料、过渡金属氧化物/氢氧化物/硫化物、导电聚合物作为有前景的柔性电极材料已经被广泛研究。此外，一些新兴的电极材料，如 MXenes、MOFs、POMs、BP 也成为研究热点。

1.2.2.1 碳基电极材料

碳材料具有优异的性质，包括极好的导电性、柔韧性、低成本、质量轻等，是理想的电极材料。至今，一些工作已经报道了碳基材料作为超级电容器电极的应用，例如碳纳米管[23]和石墨烯[24]。

邵长路课题组报道了一种无支撑的 N-掺杂多孔 CNFs 材料，是由静电纺丝聚苯胺（PANI）构成的核壳结构复合纳米纤维衍生的。以 N-掺杂多孔 CNFs 材料为电极组装成柔性全固态超级电容器，在电流密度为 0.5A/g 时获得的质量比电容为 260F/g，相对应的面积比电容为 0.35F/cm^2，体积比电容为 4.3F/cm^3。当电流密度增加到 8A/g 时，其比电容值为初始时的 54%，表明其具有较好的倍率性能。而且，该器件获得的最高能量密度为 9.2W·h/kg（体积能量密度为 0.61mW·h/cm^3），对应的功率密度为 0.25kW/kg（体积功率密度为 17mW/cm^3）。在 10000 次循环寿命测试后，其电容保留率为 86%，表明其具有很好的循环稳定性。在机械稳定性测试中，反复弯折变形后并没有展示出性能的衰减，表明该器件具有优良的柔韧性[25]。

单壁碳纳米管（SWCNTs）被认为是最好的全固态超级电容器电极材料，因为它具有很好的导电性、力学性能及耐腐蚀性。Yuksel 等人将 SWCNTs 浇铸到 PDMS 基底组装成透明的柔性全固态超级电容器[26]。这个柔性全固态超级电容器在浇铸 0.02mg SWCNTs 时，其透光率可达 82%，同时由于 SWCNTs 具有高导电性，因此不再需要额外的集流体。这个柔性全固态超级电容器在浇铸 0.08mg SWCNTs 时，该器件的最大比电容为 34.2F/g，能达到的最大功率密度和能量密度分别为 21.1kW/kg 和18W·h/kg。而且，在 500 次充放电循环后，它的高弯曲性能没有受到任何影响，比电容损失量小于 6%。

石墨烯具有较高的机械稳定性、良好的导电性、极大的比表面积，在柔性全固态超级电容器应用中得到广泛关注。最近，El-Kady 等人发展了一个新的策略用于制备石墨烯（GO）基柔性超级电容器，有效地避免了石墨烯的堆积问题[27]。使用标准的 LightScribe DVD 光驱动器直接还原 GO，制得的 GO 薄膜展示出优异的导电性（1738S/m）和极大的比表面积（1520m^2/g）。这种 GO 薄膜可以直接用作超级电容器电极。以 GO 薄膜为电极、PVA-H$_3$PO$_4$ 为凝胶电解质组装成柔性全固态超级电容器，该器件展示出超高的功率密度和极好的循环稳定性，在 10000 次循环后电容保留率仍高达 97%。而且，这个器件在弯折循环 1000 次后，其电容仅仅损失了 5%。这可能归因于 GO 薄膜电极与电解质之间相互贯穿的网络结构使其具有优良的机械柔韧性。

1.2.2.2 金属氧化物/氮化物/硫化物基电极材料

通常，碳基材料的静电吸引电荷存储机制使其较赝电容电极材料具有较低的比电容。赝电容电极材料通过快速、可逆的表面氧化还原反应进行电荷存储，因此展现出相当大的电容值（300~2000F/g）[28]。赝电容电极材料的种类通常分为过渡金属氧化物/氢氧化物/硫化物/氮化物[29]和导电聚合物（例如 PANI、PPy、PEDOT）[30]。

在不同的过渡金属氧化物中，RuO_2 是第一个也是被最广为研究的电极材料，因为它的工作电压窗口可达 1.2V，可发生跨度三个氧化态的高度可逆的氧化还原反应，具有很高的质子电导率、很高的质量比电容和很长的循环寿命[31]。然而，RuO_2 的高成本、毒性、需使用酸性电解质、天然丰度低等阻碍了其在实际应用中的潜能。因此，许多努力直接指向廉价的金属氧化物作为替代物。锰基氧化物因价格低廉、具有高理论比电容（1400F/g）作为有希望的 RuO_2 替代电极被广泛研究[32]。然而，由于 MnO_2 相对较低的导电性（$10^{-6} \sim 10^{-5}$ S/cm）和化学稳定性限制了它的电化学性能。因此，一种提高 MnO_2 导电性和稳定性的有效策略是使 MnO_2 与其他高导电性的材料结合，例如碳基材料或导电聚合物[33]。钒基氧化物由于具有很高的质量比电容也被认为是 RuO_2 替代电极的优秀候选材料[34]。镍、钴基二价或三价材料在全固态超级电容器应用中受到广泛关注，因为其通过法拉第反应存储电荷具有较高的理论比电容[35]。金属氮化物，例如氮化钛，由于具有极好的导电性（$4000 \sim 55500$ S/cm）被认为是一类新兴的高性能电极材料[36]。相似的，还有很多其他的金属硫化物[37]、金属磷化物[38]作为全固态超级电容器电极材料也被广泛探索。然而，金属氮化物通常在水溶液里发生氧化，因此，为了解决这个问题，这些材料需要通过不同的过程与更加稳定的材料进行复合，例如用 CNT 封装[39]、用石墨烯缠绕等[40]。

1.2.2.3 导电聚合物电极材料

导电聚合物，例如 PANI、PPy、PEDOT 等是另一类赝电容电极材料，具有优良的导电性，可进行可逆的氧化还原反应，并且是环境友好型材料。不管是在正极还是在负极电位下都可以提供极高的比电容、极好的稳定性和可观的能源存储性能。Xiao 等人设计了一种新颖的"三明治"结构的纳米复合物质（rGO/PANI/rGO）[41]，并探讨了其作为全固态超级电容器电极材料的潜能。通过印刷技术和鼓泡分层方法制备了自支撑的石墨烯纸，展示出较高的导电性（340S/cm^2）、较轻的质量（1mg/cm^2）和极好的力学性能。随后，PANI 电沉积到石墨烯纸上，再通过浸渍涂覆的方法沉积一薄层石墨烯形成"三明治"结构的石墨烯/PANI/石墨烯纸。有趣的是，这种独特的技术提高了电荷存储容量、倍率性能和循环稳定性。PPy 是另一种极好的导电聚合物，可作为电极材料应用于超级电容器。PPy 具有较好的环境稳定性、低成本的合成过程、优异的导电性、不同寻常的掺杂/去掺杂化学过程、高活性的氧化还原赝电容电荷存储性能[42]。然而，在充放电过程中，导电聚合物可能膨胀或收缩，导致电极结构坍塌，造成循环稳定性较差。因此，需要发展一些策略提高导电聚合物的赝电容，例如，优化其纳米结构、掺杂表面活性剂、制备与其他物种的复合材料等。

1.2.2.4 其他新兴的电极材料

MXenes 是一类物质的统称，包括过渡金属碳化物、碳氮化物、氮化物，最近成为二维材料家族的一员，自从 2011 年被发现，就得到了广泛关注[43]。这些化合物的通式为 $M_{n+1}X_nT_x$（$n=1$、2 或 3），M 代表前过渡金属（Ti、V、Nb、Cr、Mo），X 是碳或氮或碳氮，T_x 代表表面终端基团包括羟基、氧、氟[44]。它们各种独特的性质，例如高导电性、好的力学性能、亲水性使它们成为能源存储应用的杰出候选材料。例如，通过不同合成路径合成的 $Ti_3C_2T_x$ 展示了从 1000S/cm 到 6500S/cm 的导电范围[45]。最近制备的透明 $Ti_3C_2T_x$ 纳米片薄膜厚度约为 4nm 时透光率 93%，厚度约为 88nm 时透光率为 29%，对应的导电系数分别约为 5736S/cm 和 9880S/cm[46]。随后，以 $Ti_3C_2T_x$ 纳米片薄膜作正极，以 SMCNT 薄膜做负极，组装成透明的柔性全固态超级电容器，该器件展示出 72% 的透光率。更值得注意的是，这个器件具有 1.6mF/cm^2 的面积比电容和极好的循环稳定性，循环使用 20000 次几乎没有电容损失。此外，与 $Ti_3C_2T_x$ 组装的对称型超级电容器对比，该不对称型器件具有的能量密度差不多是对称型器件的 5 倍。

Black phosphorous(BP)，作为二维材料家族的新成员，是最稳定的磷同素异形体。它是由 P 原子褶皱的平面通过范德华力相互作用堆积成的层状结构[47]。与其他层状结构相似，单层或多层 BP 纳米片可通过机械剥离和液态剥离技术较容易地得到[48]。多层 BP 是一种 p-型直接能隙半导体层状材料。而且，BP 相邻的堆积层间的层间距为 0.53nm，与石墨烯的层间距 0.36nm 相比 BP 具有更大的层间距，堪比 1T MoS_2 相的层间距 0.615nm。这一特点使其成为能源存储应用的理想材料。最近，通过液相剥离法获得 BP 纳米片，以获得的 BP 纳米片为电极，PVA/H_3PO_4 凝胶电解质为固态电解质，PET 为基底，组装成柔性全固态超级电容器。该器件在 5mV/s 的扫描速度下，具有 17.78F/cm^3 的体积比电容和 59.3F/g 的质量比电容。该器件获得的能量密度从 0.123mW·h/cm^3 增大到 2.47mW·h/cm^3，获得的最大功率密度为 8.83W/cm^3。此外，对该器件进行循环稳定性测试，30000 次循环后其电容保留率仍可达 71.8%。

目前，一些工作也报道了其他新兴的电极材料应用于柔性超级电容器，例如硒碲基过渡金属二硫化物[49]。这些材料被认为是有前景的柔性超级电容器电极材料，由于它们具有相当大的有效比表面积、非凡的电化学性能、很好的机械柔韧性，能够保证其功能的最大化。最近，原子级薄层 WTe_2 纳米片首次被应用于全固态超级电容器。首先使用 CVD 法，随后再通过液相剥离 WTe_2 获得单晶 2~7 层 WTe_2 纳米片。由 WTe_2 纳米片电极组装的全固态超级电容器获得 0.01W·h/cm^3 的能量密度和 83.6W/cm^3 的功率密度，优于商业的锂离子薄膜电池（4V/500μA·h）和电解电容器（3V/300mA·h）。这种优越的性能可归因于其具有很好的机械稳定性及超好的循环稳定性（循环 5000 次后电容保留率仍约为 91%）[50]。

1.3 金属有机骨架复合材料概述

1.3.1 金属有机骨架复合材料简介

金属有机骨架材料（metal-organic frameworks，MOFs），也称多孔配位聚合物（PCPs），是一类新兴的晶态微孔材料，已经吸引了研究者的广泛关注[51]。基于有机配体的几何形状和无机金属离子或金属簇的配位模式，可以根据目标性质进行针对性的结构设计[52]。MOFs 最主要的结构特征是其具有超高的孔隙率、非常高的内表面，在功能性应用中扮演了重要的角色，例如，存储和分离[53]、质子传导[54]、药物释放[55]。通常，多孔 MOFs 展现出微孔特征（孔径小于2nm），通过改变双齿或多齿刚性有机配体的长度可以将孔尺寸从零点几纳米调控到几纳米。此外，MOFs 的骨架多功能性不仅与其多孔性特征有关，也可能是由金属组分（例如磁性、催化性质）、有机配体（例如发光、非线性光学、手性）或者两者结合引发的[56]。在过去 20 年里，大量的研究工作致力于新型MOFs 的制备并探索它们在各个领域的应用[57]。然而，MOFs 显示出一些缺点，例如较差的化学稳定性阻碍其潜能的充分发挥。为了满足 MOFs 的实际应用需求，需要进一步提高它们的性能并开发新的功能。最近一些科研工作者提出将MOFs 与各种各样的功能性材料结合，希望能够起到取长补短的作用[58]。MOFs复合材料是一类由一种 MOF 与一种或多种具有与其构成组分明显不同的材料组成的复合材料，包括与其他 MOFs 组成的复合材料。MOFs 复合材料具有不同于各个单独组分的性能。MOFs 复合材料可以有效地结合 MOFs 的优势，例如结构可调性、灵活性、高孔隙率、有序的孔结构等，和其他功能材料的优势，例如独特的光学性质、电化学性质、磁性、催化性质等。因此，可以获得单一组分不能具有的新的物理化学性质和改进的性能[59]。MOFs 复合材料的显著特征来自于MOFs 与其他活性材料的协同效应，使它们具有更宽广的实际应用范围。可以在现存的多孔晶体数据库中选择合适的 MOFs，或者使用模拟工具进行高效的筛选[60]。目前，已经成功地制备了 MOFs 与一些活性物质的复合材料，包括金属纳米粒子/纳米棒（NPs/NRs）、氧化物、量子点（QDs）、多金属氧酸盐（POMs）、聚合物、石墨烯、碳纳米管（CNTs）、生物分子等，获得了单一组分所不能达到的性能[61]。另外，MOFs 复合材料具有可灵活设计的优势，依据每个组分的特点，可以为特定的性能选择最适合的材料。凭借其完美的优势，例如组成成分、多孔性、功能性及形貌，每个 MOF-基复合材料都代表一种具有特定功能性质的新材料。

每种活性材料都具有各自独特的优势，通过将不同的功能材料与 MOFs 结合，能够得到许多令人满意的复合性质。这个新的研究领域为实现材料的多功能性提供了可能，这将促进革新性工业应用的出现。这些复合材料可以直接用作新颖的先进材料或者作为无机固体材料的前驱体，应用在功能性和保护性涂层、存储和分离、异相催化、传感等领域[62]。

1.3.2 金属有机骨架复合材料的分类

1.3.2.1 MOF-金属纳米粒子复合材料

金属纳米粒子（MNPs）由于具有与大块金属不同的独特物理化学性质，具有无限的潜能和广阔的应用前景而备受关注[63]。然而，众所周知，游离的金属纳米粒子因为具有较高的表面能而容易发生团聚。由于长期的存储、加工、使用过程使金属纳米粒子所具有的独特性质消失。因此，将金属纳米簇/纳米粒子封装在有限的空间内，例如介孔或微孔固体，包括金属氧化物、沸石、介孔二氧化硅、活性炭等，是阻止金属纳米粒子发生团聚的有效方法[64]。多孔 MOFs 具有热稳定性、永久性的纳米级空腔和开放的孔道。与沸石相似，MOFs 可以作为金属纳米粒子的支撑结构，因其具有可调控的孔尺寸可以将金属纳米粒子封装在孔洞内，起到限域的作用，因此能够有效避免金属纳米粒子团聚（见图 1-1），有益于它们在催化领域的应用[65]。

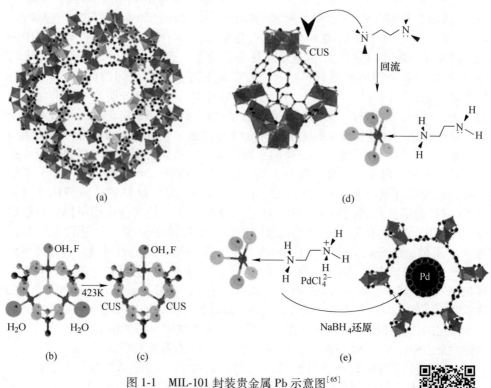

(a)　　　　　　　　　　　(d)

(b)　　　　　　(c)　　　　　　(e)

图 1-1　MIL-101 封装贵金属 Pb 示意图[65]

（a）MIL-101 介孔笼的透视图；（b）（c）MIL-101 介孔笼中铬三聚体不饱和位点的演化；（d）接枝胺分子对脱水 MIL-101 进行表面功能化；

（e）通过三步过程将贵金属选择性封装在胺接枝 MIL-101 中

图 1-1 彩图

1.3.2.2 MOF-金属氧化物复合材料

金属氧化物纳米材料（metai-oxide-NP@MOF）具有可控的形状、尺寸、结晶度和性质，在电子工业、光学、电化学能源转换与存储及催化等应用中被广泛研究[66]。为了进一步改善材料的性能并开发新的功能，已经开始尝试将 MOF 与金属氧化物结合，特别是具有磁性和半导体性质的金属氧化物，构成核-壳纳米结构的复合材料。

一般而言，制备 metal-oxide-NP@MOF 纳米复合物的方法与 MNP@MOF 复合材料的相似。一种方法是在 MOFs 空腔中形成金属氧化物，例如，通过煅烧或分解预先加入的前驱体[67]。另一种方法是将预合成的金属氧化物纳米粒子封装到 MOFs 骨架中[68]。在后一种方法中，纳米粒子通常用适当的表面官能团修饰，例如氨基、羧基等，可以改善纳米粒子与 MOFs 间的吸引力，促进晶体的可控生长[69]。预处理的金属氧化物核用一种材料进行处理，例如 PVP，增强其与 MOFs 间的兼容性，能够促进 MOFs 在金属氧化物纳米粒子周围生长[70]。或者，金属氧化物纳米粒子作为模板并为 MOFs 的形成提供金属源，即自模板合成方法（见图 1-2）。自模板合成方法是一种很好的选择，能够获得界限清晰的核-壳纳米结构[71]。除了制备这种核-壳结构的 metal-oxide-NP@MOF 材料，MOFs 也被用作模板合成具有特殊形貌的金属氧化物[72]。

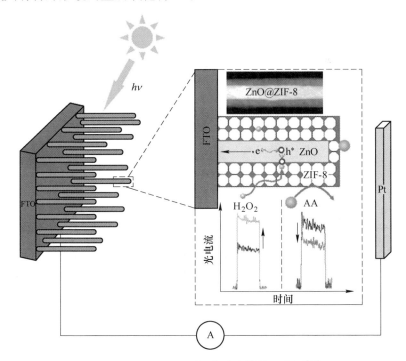

图 1-2 ZnO@ZIF-8 核-壳纳米结构示意图[71]

1.3.2.3 MOF-二氧化硅复合材料

二氧化硅纳米粒子具有多孔性、稳定性、介电性能，可以为许多纳米尺寸的反应提供重要的平台，因此得到了广泛关注，可应用于催化、分离、药物释放等领域[73]。二氧化硅纳米材料具有多重性质且 MOFs 具有高表面积和多孔性，结合两种材料的独特性质能够发现新的应用[74]。当前，两种类型的 MOF-二氧化硅复合材料备受关注，分别为二氧化硅@ MOFs 和 MOFs@ 二氧化硅。前者包括合并分散的二氧化硅纳米粒子到 MOFs 的孔洞中或在预先合成的二氧化硅球上生长MOFs（见图 1-3）。后者利用了二氧化硅壳作为表面涂层的优势、介孔性质、二氧化硅骨架的可加工性能，促进微孔 MOFs 粒子能够贯穿多孔二氧化硅骨架进行生长。另外，二氧化硅可以被用作成核剂加快 MOF-5 的反应速率[75]，SBA-15 介孔二氧化硅作为导向剂能够使 MOF-5 定向生长[76]。

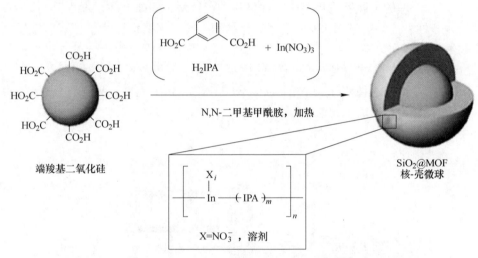

图 1-3 SiO$_2$@ In-MOF 核-壳结构示意图[76]

1.3.2.4 MOF-有机聚合物复合材料

有机聚合物具有许多独特的属性，包括易制备、质量轻、具有良好的热力学和化学稳定性，能够与其他功能性材料组合成复合材料[77]。特别是纳米级聚合物，它不同于大尺寸聚合物，其展示出极好的性能[78]。控制聚合物在多孔性MOFs 内部合成的新方法已经被建立。MOFs-有机聚合物复合材料是由各种各样的 MOFs 和有机聚合物组合成的一类具有综合性能的复合材料（见图 1-4）[79]。

1.3.2.5 MOF-量子点复合材料

量子点是量子尺寸的半导体材料，具有独特的光学性质和电化学性质。其优点是光稳定性好、摩尔消光系数和发光量子率高，具有尺寸依赖性的光学性质以及低成本。目前，量子点在发光器件和太阳能光子转换设备上的应用受到高度关

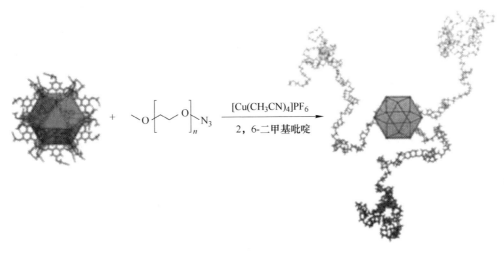

图 1-4 炔基链接 Cu(Ⅱ)-MOF 纳米笼示意图[79]

注[80]。此外，最近的研究表明量子点可用于生物成像，与传统的显色剂和造影剂相比量子点具有优越的荧光性能[81]。由于量子点的诸多优良特性，因此可以在 MOFs 的框架中引入高发光半导体量子点来扩展功能性 MOFs 的应用范围。在 QD@MOF 复合材料中，量子点可以通过堆积的纳米级 MOF 壳层来抵抗光化学降解，同时能保护其光学特性不受破坏。发光量子点与 MOFs 可调控的多孔性的协同作用使得 QD@MOFs 复合材料能够应用在选择性分子传感、光俘获以及光催化合成等领域（见图 1-5）[82]。

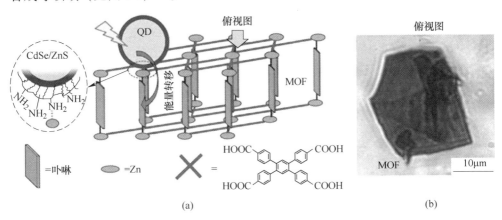

图 1-5 CdSe/ZnS 核-壳 QDs 修饰卟啉-MOFs 示意图[82]

（a）QD-MOF 复合物的示意图；（b）MOF 粒子的光学显微镜图像

1.3.2.6 MOF-多金属氧酸盐复合材料

多金属氧酸盐是不连续的金属氧化物团簇，形成了一大类独特的无机化合物，在构成、尺寸和形状上有非常高的多样性[83]。它们在催化、医药、电化学、光致变色、磁学等各种领域发挥着重要作用[84]，特别是在酸性条件下多酸的催化反应和氧化反应正得到越来越多的关注[85]。但其缺点是具有较低的比表面积和较差的化学稳定性。将多酸固定在多孔固体材料中是能够提高多酸在催化反应中稳定性的新方法（见图1-6）。与传统的固体支撑物相比，多孔 MOFs 具有高比表面积和多孔性的优势。多酸分散在 MOFs 孔洞中，防止其凝聚失效，能够提高其催化性能[86]。

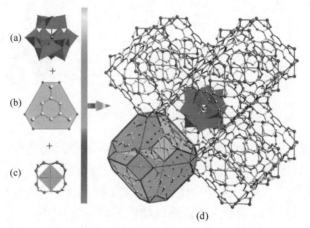

图 1-6 彩图

图 1-6 POM@ HKUST-1 复合结构示意图[86]

（a）Keggin 型聚阴离子；（b）由连接到六个相邻 Cu²⁺ 离子的 BTC 配体定义的三连接节点和六角形面；（c）由四个 Cu²⁺ 离子定义的 SBU 和四方形面；（d）八个菱形截角八面体笼

1.3.2.7　MOF-碳复合材料

碳具有很多种同素异形体（石墨烯、富勒烯、纳米管、金刚石），微观质地均具有不同程度的石墨化，维度从零维到三维，以不同的存在形式（粉末、纤维、泡沫、织物、复合物）存在，可应用于许多领域中[87]。在多功能应用中，纳米碳特别是石墨烯和碳纳米管获得了越来越多的关注。石墨烯是单层碳原子排列在二维蜂窝晶格构成的，可以看成从大块石墨上剥离的单层原子平面。氧化石墨烯是石墨烯衍生物通过氧化剥离的石墨获得的[88]。碳纳米管是有序的、高纵横比碳同素异形体，具有两种形式，一种是单壁碳纳米管（直径 0.4~2nm），另一种是多壁碳纳米管（直径 2~100nm）。石墨烯和碳纳米管均具有极好的力学性能、电化学性能、热力学性能，使它们在 MOFs 复合物中起到了极好的纳米结构填充物的作用。这一新型的 MOFs 复合物，结合了纳米碳与功能性的无机材料各自独立的性质，使其注定可应用于与可持续能源与环境相关的领域。至今，已经成功地制备了许多 MOFs-纳米碳复合物，并广泛探索了其在不同领域的应用[89]。

1.3.2.8 MOF@MOF 核壳异质结构复合材料

MOF@MOF 核壳异质结构复合材料的制备是一种有前景的方法，不仅能修饰多孔性质，而且能在不改变 MOFs 晶体特征的前提下为 MOFs 添加新的功能[90]。为了构建多功能的核壳异质结构，最近提出了两种策略。作为壳的 MOF 通过异质外延生长法，在另一种 MOF 晶体的外表面生长，形成复合晶体。具有不同金属中心或配体的两种配位组分被分隔在晶体的不同区域。这种方法的成功是基于在下面的 MOF 基底与堆积在上面的 MOF 具有相匹配的晶格点阵。另一种制备核壳异质结构多功能 MOFs 的方法是后合成修饰方法，包括有机配体中未配位的基团继续进行选择性的反应或者替换骨架中的金属离子或配体，使 MOFs 中金属中心或有机配体的修饰被迫在 MOFs 的外表面或核内部进行[91]。

1.3.2.9 MOF-酶复合材料

酶是天然的催化剂，具有高活性、选择性和特异性，有助于推动化学、制药、食品工业的绿色、可持续发展[92]。然而，酶具有低操作稳定性、不易复原、在操作条件下失活等缺点阻碍其在工业中的应用[93]。一些研究致力于寻找固定酶的支撑结构，二氧化硅材料因能够提供高的比表面积和介孔已经吸引了大量的关注[94]。然而，由于酶与二氧化硅支撑结构之间弱的相互作用导致在反应过程中吸附的酶容易浸出。多孔 MOFs 具有的可调且均一的孔尺寸和功能化的孔壁使其有望容纳酶，实现酶在催化中的应用。然而，大多数 MOFs 的微孔结构阻碍大尺寸酶的进入，可能导致仅外表面通过吸附或共价键作用附着少量的酶[95]。最近，介孔 MOFs 的研究为酶催化应用提供可能，一些研究工作报道了将酶固定在 MOFs 的纳米孔道中（见图 1-7）[96]。

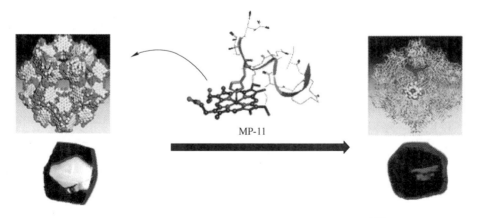

图 1-7 Tb-mesoMOF 封装 MP-11 酶的分子结构示意图[96]

1.3.2.10 MOF-其他分子复合材料

由分子组成的材料如有机染料[97]、有机金属化合物[98]、金属卟啉[99]、生物分子[100]以及其他功能分子也分别与 MOFs 复合进行各种各样的应用，如图 1-8 所示[101]。MOFs 作为分子封装器能够起到强大的限域作用，这是一种阻止分子聚集、不均匀分布和浸出的有效方法。

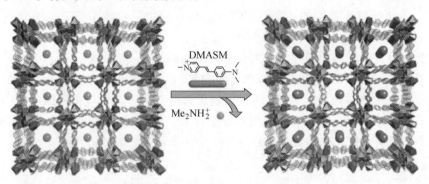

图 1-8　bio-MOF-1 封装阳离子染料 DMASM 示意图[101]

1.3.3　金属有机骨架复合材料的应用

1.3.3.1　金属有机骨架复合材料用于气体存储

氢气是极好的能量载体，目前，以安全有效的方式控制氢气的存储和释放仍然是极具困难的挑战。多孔 MOFs 作为最具潜能的储氢材料得到广泛的关注，因为其具有极高的多孔性和内表面积，一些 MOFs 在 77K 和高压情况下，展示出很高的储氢能力（质量分数大于 7%）[102]。然而，在室温下，MOFs 展示出较低的储氢能力（质量分数小于 1%），因为 MOFs 骨架与氢气分子间相互作用能（3～10kJ/mol）较低[113]。最近，Yang 和他的同事提出的溢出机制已经被认可，用于制备金属纳米粒子掺杂的 MOFs 来提高储氢性能。或者用 Mg 纳米粒子掺杂 MOFs，通过物理和化学吸附作用大幅度提高氢气的吸附量。最近，Suh 课题组报道了 MgNC@SNU-90 作为杂化储氢材料[103]。这个复合材料既能在低温下进行物理吸附，也能在高温下进行化学吸附，展现出协同效应既能增加氢气物理吸附热又能降低氢气的吸附解吸温度。

1.3.3.2　金属有机骨架复合材料用于催化

由于 MOFs 的限域作用，在催化过程中金属纳米粒子的生长受到限制。金属纳米粒子@MOFs 是最有前景的非均相催化剂，在有机催化中展现出极好的催化性能。选择合适的 MOFs 以及制备小尺寸的金属纳米粒子是影响催化性能的最重要因素。需要根据不同有机催化反应的需要选择具有特定化学稳定性和热力学稳定性的 MOFs。例如，热稳定的 MOF-5 对水是极其敏感的，在一些反应中由于水的形成可能破坏 MOF-5 的结构，具有代表性的反应就是催化乙醇氧化[104]。相反，MIL-101 拥有稳健的骨架，在水、有机溶剂、酸性媒介中都能稳定存在[105]。然而，ZIF-8 展示出很好的热稳定性，在 550℃高温下仍能稳定存在，又具有极好的化学稳定性，在沸腾的碱性水溶液和有机溶剂中都能稳定存在[106]。另外，可以通过调控 MOFs 的孔道尺寸和内表面选择性得到一种产品[107]。

1.3.3.3　金属有机骨架复合材料用于传感

表面增强拉曼散射的原理是当分子在金属纳米材料（通常是 Ag 和 Au）附近时，能够使拉曼强度产生显著的增强。表面增强拉曼散射作为一种可靠的、高分辨检测技术，为极其微小的目标分子提供一种非常重要的检测工具。使用表面增强拉曼散射效应的前提是检测的分子需要吸附在金属表面。目前，已经报道了一些关于氧化铝[108]、二氧化硅[109]等微孔材料包覆金属纳米结构材料的研究。然而，用多孔 MOFs 包覆金属纳米材料展现出许多独特的优势，因为 MOFs 具有有序的孔结构，孔尺寸可调（从零点几纳米到几纳米），多功能性，大的比表面积，对一些特殊的分子具有选择性吸附性质。

一些 MOFs 具有选择吸附性质，使 MOFs 复合材料可作为传感器选择性检测特定的分子。例如，MOF-5 能够从烟道气中捕获 CO_2，因此实现了在气体混合物中选择性检测 CO_2。通过将 MOF-5 与 Au 纳米粒子整合成界限明确的核壳结构，一个单独的 Au 纳米粒子核被均匀的 MOF 壳包覆。这个 MOF-5 壳厚度为（3.2 ± 0.5）nm 的核-壳复合材料，对混合气体中的 CO_2 展现出独特的表面增强拉曼散射活性。这种敏感的表面增强拉曼散射检测方法可以应用于其他分析物，例如用核壳结构的 Au@ MOF-5 检测 DMF，用 Au@ ZIF-8 检测乙醇[51]。

1.3.3.4　金属有机骨架复合材料用于磁性材料

对于磁性应用，因为无机-有机配体间有限的配位作用，使用 MOFs 固有的磁性似乎受到限制。在工业上，具有应用前景的金属有机骨架复合材料是通过将超顺磁性的纳米粒子或纳米纤维（例如 Fe_3O_4）合并到 MOFs 结构中实现的。由于 Fe_3O_4 具有高磁化强度、超顺磁性使 MOFs 催化剂能够从处于静磁场媒介的反应中迅速分离。MOFs 在药物传递应用中具有很好的应用前景，例如有磁性的金属有机骨架复合材料的另一潜在应用是控制药物的定点释放。Ke 课题组制备了 HKUST-1 与 Fe_3O_4 的纳米复合物。这个复合材料利用多孔性的 MOFs 负载药物，利用 Fe_3O_4 的磁性控制多孔复合材料的位置以实现定位给药[49]。

1.3.3.5　金属有机骨架复合材料用于药物运输

粒径在十纳米到几百纳米范围的纳米尺寸 MOFs(NMOFs)，可用作造影剂和药物分子的纳米载体[110]。然而，由于较差的生物相容性以及许多 MOFs 在生理条件下固有的不稳定性，必须进行表面修饰来优化其在生命体内的性能。利用 SiO_2 壳对 MOFs 进行表面修饰能够提供一些优势，例如能改善其在水中的分散性，增强其生物相容性，加强其与靶向细胞的联系，而且减慢了 NMOFs 的退化速度，阻止药物过早释放。Lin 等人通过将 NMOFs 封装在 SiO_2 壳内首次合成稳定的 NMOFs[111]。通常，NMOFs@ SiO_2 纳米复合材料的制备需要先用亲水性聚合物，例如 PVP 修饰 NMOFs，确保 NMOFs 能够在水中均匀地分散，然后在 SiO_2 前驱体溶液中进行 SiO_2 壳的包覆。

1.4   金属有机骨架材料在超级电容器中的应用

MOFs 是一种具有多孔性和化学性质可调节的新型功能材料，具有纳米级尺寸的孔洞和开放的通道，这使其成为制备纳米结构材料的牺牲模板或前驱体的理想材料[112]。MOFs 首先由 Yaghi 在 1995 年提出[113]，其质量极轻而且具有非常高的比表面积（高达 46000m²/g），具有较大的孔体积和可调控的孔尺寸。MOFs 是由金属离子或金属簇和供电子的有机配体配位形成的，通常使用溶剂热法、水热法、微波辅助法和表面活性剂修饰等合成方法来制备。最近，一些公司（例如 BASF 和 MOF Technologies）已经实现了 MOFs 的大量生产[114]。由于 MOFs 具有可控的孔尺寸（0.6~2nm）且包含具有氧化还原反应活性的金属中心，MOFs 在超级电容器电极材料上的应用被赋予很高的期望。

1.4.1   基于 MOFs 的电极材料

一种提高 MOFs 导电性的有效方法是制备 MOFs 与其他导电材料的纳米复合材料，例如碳材料（碳纳米管和石墨烯）和导电聚合物（PANI 和 PPy）[115]。

例如，王博课题组将 Co-MOF 晶体（ZIF-67）与电化学沉积的 PANI 链互相编织，在相互作用过程中没有改变 MOF 的基本结构。再以碳布纤维为集流体，组装成柔性导电多孔电极，如图 1-9 所示[116]。以 PANI-ZIF-67-CC 为电极的柔性

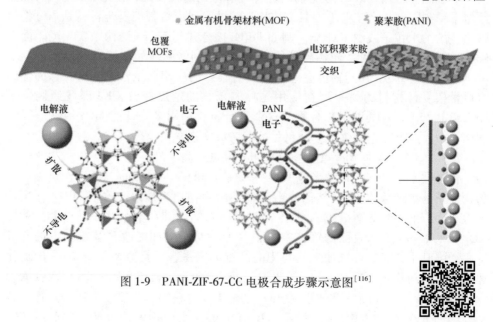

图 1-9   PANI-ZIF-67-CC 电极合成步骤示意图[116]

图 1-9 彩图

全固态超级电容器产生了高达 35mF/cm^2 的面积比电容和 116mF/cm^3 的体积比电容。在电流密度为 0.05mA/cm^2 时达到的最高功率密度为 0.833W/cm^3。而且在 0.05mA/cm^2 电流密度下，循环 2000 次后，其电容保留率仍能维持在初始值的 80% 以上。

然而，多孔性 MOFs 通常展示出较低的导电性，限制了 MOFs 在实际中的应用，例如，燃料电池、超级电容器、热电元件等。较差的导电性是由 MOFs 的组成结构造成的，通常 MOFs 是由硬性金属与氧化还原性不活跃的有机配体通过氧、氮原子连接构成。因此，绝大多数 MOFs 不能为电荷传输提供任何低能量通道或电荷载体，相当于绝缘体，其导电性低于 10^{-10}S/cm。仅在最近的 5 年，一些方法实现了构造同时具有多孔性和电荷迁移率/导电性的 MOFs[117]。除了制备纳米复合材料之外，一些科研工作者还致力于设计和制备导电 MOFs[118]。在 2016 年，Dinca 课题组合成出具有导电性的 MOF[Ni$_3$(2，3，6，7，10，11-hexaiminotriphenylene)$_2$(Ni$_3$(HITP)$_2$)][119]。Ni$_3$(HITP)$_2$ 可作为独立的电极材料应用于双电层电容器，不再需要添加任何的导电剂和黏结剂。而且，该小组测得其有高达 45000S/m 的电导率，超过了活性炭和多孔石墨的 1000S/m。这是关于这种导电 MOFs 材料的首次报道，具有里程碑式的意义（见图 1-10）。

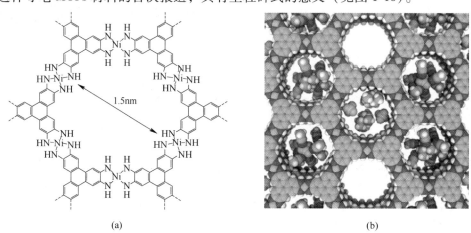

(a)　　　　　　　　　　　　　　　　(b)

图 1-10　Ni$_3$(HITP)$_2$ 的结构示意图[119]

（a）分子结构图；（b）相对孔尺寸空间填充图

受到这项首创性工作的启发，徐刚和王要兵等人制备了原位生长在碳纤维纸基底上的导电 MOF 纳米线阵列（Cu-CAT NWAs），并探索了 Cu-CAT NWAs 作为电极在柔性全固态超级电容器中的应用。典型的是，Cu-CAT 是由铜离子和 HHTP（2，3，6，7，10，11-hexahydroxytriphenylene）配体配位，在 ab 平面上构成了一个二维六边形晶格[120]。这种二维六边形晶格结构进一步沿着 c 轴方向平行于 ab 面叠加形成蜂窝状的多孔结构，如图 1-11 所示。此外，Cu-CAT 沿着 c 轴方向具有 1D 孔道，孔道的窗口尺寸约为 1.8nm。并且由于铜离子和有机配体间有效的轨道重叠，使其具有良好的电子传输能力。以 Cu-CAT NWs 作为电极，组装成柔性全固态超级电容器。该柔性全固态超级电容器在 0.5A/g 的电流密度下，展示出 120F/g 的双电层电容。在 50mV/s 的扫描速度下进行循环寿命测试，进行 5000 次循环后该柔性全固态超级电容器仍能保持初始电容量的 85%，表明其具有良好的循环稳定性。特别值得注意的是，该器件表面积归一化的面积比电容约为 22mF/cm² (BET 比表面积为 540m²/g)，这一数值是活性炭和单壁碳纳米管基电池比电容 (10mF/cm²) 的两倍多，与石墨烯基柔性全固态超级电容器的比电容相当 (18.9~25mF/cm²)。

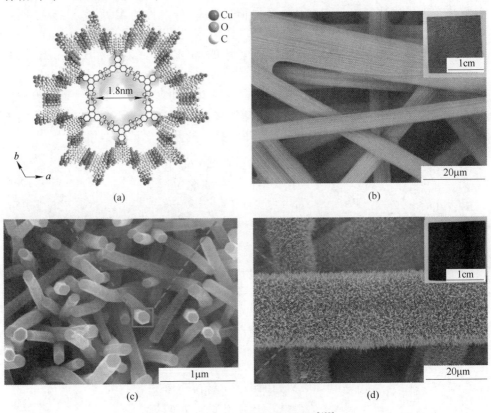

图 1-11　Cu-CAT 的结构示意图[120]

(a) Cu-CAT 的晶体结构；(b) 碳纤维纸的 SEM 图和光学照片；
(c)(d) Cu-CAT NMAs 生长在碳纤维纸上的 SEM 图和光学照片

1.4.2　基于 MOFs-衍生物的电极材料

预合成的 MOFs 通常是不导电的，这限制了它们在超级电容器中的实际应用。因此，通常使用高温碳化的方法使它们转变成纳米多孔的碳材料。在 2011

年，第一次实现 MOFs 作为超级电容器电极进行实际应用，使用了 Co-MOFs 和液态电解质[121]。最近，MOFs 作为具有前景的电极材料已经在柔性全固态超级电容器上实现了应用[122]。使用 MOF-5 衍生的纳米多孔碳材料作为电极组装成柔性全固体超级电容器，该器件可达到 17.37W·h/kg 的高能量密度和 13kW/kg 的高功率密度。并且使用 Na_2SO_4/PVA 固态凝胶电解质进行 10000 次循环后仍具有 94.8%的电容保留率[123]。

正如之前提到的，MOFs 是理想的模板材料，在热解条件下可制备碳材料、金属纳米粒子、金属氧化物纳米粒子以及它们的复合材料。例如，东南大学林保平课题组以 POM(PMo_{12})@MOF(Cu-based MOF) 作为模板通过热解方法制备三元复合材料 MoO_2@Cu@C，并将 MoO_2@Cu@C 作为电极材料应用于柔性全固态超级电容器（见图 1-12）[124]。以 MoO_2@Cu@C 为电极所组装的柔性全固态超级电容器，在电流密度为 0.25A/g 时，展现出 7.49mA·h/g 的电荷容量。同时在电流密度为 0.25A/g 时进行 5000 次循环充放电后，该柔性全固态超级电容器仍具有 91%的容量保留率。而且，这个器件在能量密度为 2.58W·h/kg 时，仍具有较高的功率密度 86.8W/kg。

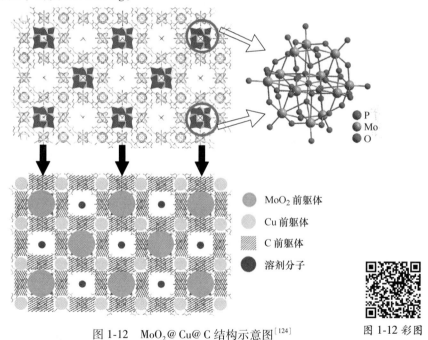

P
Mo
O

○ MoO_2 前驱体
○ Cu 前驱体
// C 前驱体
● 溶剂分子

图 1-12　MoO_2@Cu@C 结构示意图[124]

图 1-12 彩图

最近，浙江工业大学曹澥宏课题组以 GO/MOF 复合物（Fe-MOF 和 Ni-MOF）为前驱体制备了 rGO/Fe_2O_3 和 rGO/NiO/Ni 气凝胶复合材料，如图 1-13 所示[125]。以实验制得的 rGO/Fe_2O_3 气凝胶复合材料为电极，组装成柔性全固态超级电容器器件。该器件在 6.4mA/cm³ 电流密度条件下，展现出高达 250mF/cm³ 的体积比电容。当电流密度为 50.4mA/cm³ 时，进行恒流充放电循环寿命测试，在 5000 次循环后该器件的性能几乎没有衰减，容量保留率仍高达 96.3%，而且还展示出了极好的机械柔韧性。

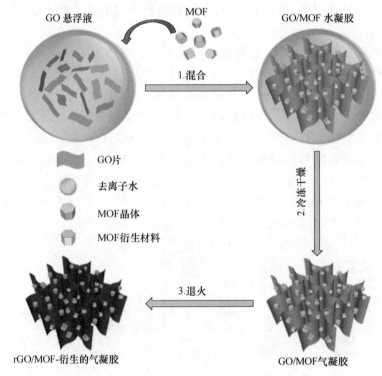

图 1-13　GO/MOF 和 rGO/MOF-衍生气凝胶复合材料的制备过程示意图[125]

1.5　选题依据及目的

　　近几年，随着便携式、可穿戴电子工业的发展，柔性全固态超级电容器的研制获得广泛关注。目前，研究证明开发新的柔性电极和器件设计形式（对称型和不对称型）已经取得很大的进步。而且，最近发现形貌可控的新材料在改善能量密度、功率密度及循环稳定性方面具有很好的应用前景。MOFs 由于具有大的比表面积、高孔隙率、可调控的结构和性质等特点，作为新兴的电极材料在柔性全固态超级电容器中具有很好的应用前景。

　　得益于 MOFs 的独特优势，许多 MOFs-衍生材料和 MOFs 复合材料已经通过各种各样的合成方法被成功制备。由于它们独特的结构及各组分间的协同效应引起的优异性能，使 MOFs-衍生的杂化结构在能源存储与转换应用中展现出优势。

然而，作为柔性超级电容器电极材料的研究领域仍处于发展过程中，一些挑战和未来的研究方向可以描述如下：

（1）之前报道的研究工作表明合成条件对 MOFs-衍生物的组成成分、微观结构和形貌具有极大的影响。因此，系统地研究电化学性能与 MOFs-衍生物微观结构之间的关系是非常重要的。

（2）对于使用 MOFs 为前驱体或模板制备 MOFs-微/纳结构复合材料的研究，深入了解 MOFs 与其他组分界面间的相互作用对提高柔性超级电容器电极材料的机械稳定性是非常重要的，因此可以通过合理地设计优化 MOFs-复合电极材料的合成过程，以达到提高柔性超级电容器机械稳定性的目的。

（3）MOFs 已经在能源存储与转换应用中展现出优势，但是差的导电性和相对较低的能量密度限制其在实际中的应用。为了解决这些问题，在不衰减其性能的情况下，可以通过优化电极加工技术，例如合理地设计和调控电极材料微观结构、组成及各组分的比例，来提高导电性和能量密度。

为了缓解 MOFs-衍生物和 MOFs 复合材料在超级电容器应用中存在的问题，本书拟从微观结构的设计及制备工艺的优化角度展开研究，以提高 MOFs-衍生物和 MOFs 复合材料在柔性超级电容器应用中的电化学性能。本书总共分为 5 章，其中第 2~4 章为实验内容，分别为第 2 章介绍 MOF-衍生的多层级孔碳材料的制备及柔性超级电容器性能研究，第 3 章介绍中空核壳 ZnO@ ZIF-8 的制备及柔性超级电容器性能研究，第 4 章介绍 MOF 衍生的多孔碳/CoO 复合材料的制备及其电容性能研究；第 5 章为本书的结论与展望部分。

2 MOFs-衍生的多层级孔碳材料的制备及柔性超级电容器性能研究

2.1 引　言

近几年，柔性全固态超级电容器作为一类新兴的能源存储器件成为研究热点。由于其具有一些重要的优势，例如尺寸小、质量轻、可折叠、可穿戴、安全性高等吸引了科学工作者的广泛关注[126]。因为超级电容器的能源存储能力主要受电极材料的影响，因此研发新型的电极材料对于超级电容器的发展起到至关重要的作用[127]，于是许多科研工作者致力于新型柔性电极的制备。至今，已经探索了各种各样纳米结构的碳材料[128]，例如洋葱状-碳（0D）、碳纳米管（1D）、石墨烯（2D）、多孔碳（3D），作为超级电容器电极材料。在众多的富碳材料中，3D 多级孔结构的碳材料被认为是最具有前途的超级电容器电极材料，其原因如下：（1）三维结构可以避免粒子重叠造成的比表面积损失；（2）多级孔结构有益于电解质离子的进入与滞留[129]。金属有机骨架材料（metal-organic frameworks，MOFs）是一类由金属离子与有机配体构成的周期性多孔结构材料，具有各种各样的性质、可调控的粒子尺寸和形貌，被认为是制备多孔碳材料的杰出模板和前驱体材料。2008 年，徐强课题组首次使用 MOFs 作为牺牲模板制得多孔结构碳材料，并证明所制备的多孔碳材料作为电极材料在超级电容器应用中具有潜能[130]。随后，一些研究也报道了以 MOFs 做模板制备不同结构的碳材料[131]。例如 Yamauchi 课题组以 ZIF-8 为前驱体制备了两种尺寸的纳米多孔结构碳材料（NPC），其中大尺寸的 NPC 作为电极材料在 1mol/L H_2SO_4 电解液中展示了 251F/g 的质量比电容[132]。最近，徐强课题组又报道了通过热转换过程保存前驱体 MOFs 的棒状形貌制得 1D 碳纳米棒和 2D 石墨烯纳米带材料，并用所获得的碳材料作为电极材料，探究其超级电容器性能。在 10mV/s 扫描速度下，1D 碳纳米棒和 2D 石墨烯纳米带电极展示了较高的质量比电容，分别为 164F/g 和 193F/g[133]。这个结果表明 MOFs 衍生物的形貌对电容性能具有显著的影响。然而，在制备可设计且可调控的纳米结构过程中仍存在挑战，电极材料的纳米结构能够影响甚至决定超级电容器的物理化学性质和电化学性能[134]。

本章中选用一个经典的微孔 MOF，Zn（tbip），其由锌离子与配体 5-叔丁基-间苯二甲酸盐（tbip）配位构成的三维骨架，其沿 c 轴方向具有一维孔道或称微型管道[135]。同时，富碳的 tbip 配体能够提供丰富的碳源，其能够显著增强衍生碳材料的导电性，因此选用 Zn(tbip) 作为前驱体制备多级孔结构的碳材料。本章通过温和的水热方法合成两种粒子尺寸的 Zn(tbip) 晶体，随后通过一步热解法获得三维互相连通的多层级孔结构的碳材料（见图 2-1）。此外，据调查，至今没有以 Zn(tbip) 为前驱体或牺牲模板制备多孔结构碳材料的报道。本章探究了 MOFs 前驱体的粒径尺寸和热解温度对 MOFs 衍生物的纳米结构的影响；并以制备的多孔结构碳材料作为电极，探究 MOFs 衍生物的微观结构与超级电容器电化学性能之间的关系。对比实验测试结果发现，小尺寸 Zn(tbip) 作为牺牲模板在900℃下高温热解制得的多级孔结构的碳材料（C-S-900）作为超级电容器电极材料展示了超高的质量比电容，将其组装成柔性全固态超级电容器显示出极好的机械稳定性和循环稳定性，以及很高的能量密度和功率密度。这种独特的多层级孔碳材料极大地改善了超级电容器的电化学性能，该结果可归因于其具有较高的比表面积、多层级孔结构和3D连通的导电网络。

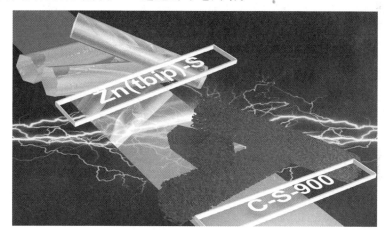

图 2-1　多层级孔碳的制备过程示意图

2.2　实　验　部　分

2.2.1　实验原料

实验原料名称、纯度及生产厂家见表 2-1。

表 2-1　实验原料名称、纯度及生产厂家

原料名称	纯度	生产厂家
硝酸锌（$Zn(NO_3)_2 \cdot 6H_2O$）	分析纯	上海麦克林生化科技有限公司
5-叔丁基-间苯二甲酸（H_2tbip）	分析纯	TCI 试剂公司

原料名称	纯度	生产厂家
乙二醇 ($(CH_2OH)_2$)	分析纯	天津市永大化学试剂有限公司
无水乙醇 (CH_3CH_2OH)	分析纯	天津市永大化学试剂有限公司
聚乙二醇 10000(PEG-10000)	分析纯	TCI 试剂公司
乙炔黑	分析纯	日本株式会社可乐丽
泡沫镍（NF）	—	山西力之源电池材料有限公司
聚四氟乙烯乳液（PTFE）	60%悬浮液	上海阿拉丁生化科技有限公司
聚乙烯醇（PVA）	分析纯	上海麦克林生化科技有限公司
碳布（CC）	亲水型	中国台湾碳能科技公司
去离子水	—	自制
氢氧化钾（KOH）	分析纯	上海麦克林生化科技有限公司

2.2.2 实验仪器

实验仪器名称、型号及生产厂家见表 2-2。

表 2-2 实验仪器名称、型号及生产厂家

仪器名称	仪器型号	生产厂家
管式炉	OTL1200	合肥科晶材料技术有限公司
液压纽扣电池封装机	MSK-110	沈阳科晶材料技术有限公司
冷场发射扫描电子显微镜	Hitachi SU8010	日本日立
X 射线粉末衍射仪	AXS D8	德国布鲁克公司
透射电子显微镜	JEM-2100	日本电子
拉曼光谱仪	inVia	英国 Renishaw 公司
气体吸附仪	ASiQ-C	美国 Quantachrome 公司
电化学工作站	CHI660E	上海辰华有限公司

2.2.3 不同尺寸 Zn(tbip) 的制备

2.2.3.1 大尺寸 Zn(tbip) 晶体的制备

将硝酸锌（0.099g，0.33mmol）和 5-叔丁基-间苯二甲酸（0.074g，0.33mmol）加入到 1.5mL 乙二醇和 6.5mL 去离子水的混合溶液中，并室温搅拌0.5h。随后，将均匀混合的溶液转移至 10mL 的聚四氟乙烯反应釜中，将反应釜密封好放入电热恒温鼓风干燥箱中，以 5℃/min 的升温速度从室温加热到 180℃，并在此温度下保持 3d。然后缓慢冷却至室温，得到棕色棒状晶体。过滤后，分

别用去离子水和无水乙醇洗涤数次，并在空气中干燥，得到微米级 Zn(tbip)，其产率约为 45%，标记为 Zn(tbip)-B。

2.2.3.2 小尺寸 Zn(tbip) 晶体的制备

将硝酸锌（0.099g，0.33mmol）、5-叔丁基-间苯二甲酸（0.074g，0.33mmol）和 PEG K10（0.2g，0.02mmol）加入到 1.5mL 乙二醇和 6.5mL 去离子水的混合溶液中，并室温搅拌 0.5h。随后，将均匀混合的溶液转移至 10mL 的聚四氟乙烯反应釜中，将反应釜密封好放入电热恒温鼓风干燥箱中，以 5℃/min 的升温速度从室温加热到 180℃，并在此温度下保持 3d。然后缓慢冷却至室温，得到棕色棒状晶体。过滤后，分别用去离子水和无水乙醇洗涤数次，并在空气中干燥，得到微米级 Zn(tbip)，其产率约为 43%，标记为 Zn(tbip)-S。

2.2.4 不同尺寸 Zn(tbip) 衍生碳材料的制备

2.2.4.1 大尺寸 Zn(tbip) 晶体衍生碳材料的制备

将大尺寸 Zn(tbip) 转移至船型瓷舟中，再转移至管式炉中，通氩气 1h 排除空气。再以 4℃/min 的升温速度程序升温至目标温度 n（n = 800℃、900℃、1000℃），在目标温度下通氮气加热 2h。随后以 5℃/min 的降温速度降至室温。其产率约为 20%，标记为 C-B-n。

2.2.4.2 小尺寸 Zn(tbip) 晶体衍生碳材料的制备

将小尺寸 Zn(tbip) 转移至船型瓷舟中，再转移至管式炉中，通氩气 1h 排除空气。再以 4℃/min 的升温速度程序升温至目标温度 n（n = 800℃、900℃、1000℃），在目标温度下通氮气加热 2h。随后以 5℃/min 的降温速度降至室温。其产率约为 20%。标记为 C-S-n。

2.2.5 电极和器件的制作

2.2.5.1 电极的制作

泡沫镍的清洗：使用切片机将购买来的泡沫镍切割成直径为 1cm 的圆片，分别用丙酮、乙醇、水超声洗涤 30min，在真空干燥箱中烘干后，称其质量待用。

碳布的清洗：将碳布裁剪成 1cm×1cm 的正方形，分别用丙酮、乙醇、水超声洗涤 30min，烘干后称其质量待用。

本实验选用乙炔黑作为导电剂以增加电极的导电性，从而减小内阻。选用聚四氟乙烯乳液（稀释成 5% 后使用）作为黏结剂。以 Zn(tbip) 衍生的碳材料（C-B-n 和 C-S-n）为活性材料，按 8:1:1 的比例加入活性材料/导电剂/黏结剂，超声混合均匀后涂覆到清洁的集流体上，烘干后制成电极。每个电极上的负载量约为 2mg/cm²。

2.2.5.2 超级电容器器件的组装

扣式超级电容器的组装：由于泡沫镍具有高导电性和多孔性，因此本实验选用泡沫镍作为集流体，无纺布作为隔膜，6mol/L KOH 水溶液作为电解液。将制备好的电极浸泡在电解质溶液中，待充分浸润后，取两片负载量完全相同的电极和一片无纺布隔膜组装成对称型的扣式超级电容器。

柔性全固态超级电容器的组装：由于碳布具有高导电性和柔性，因此本实验中又选用碳布作为集流体，PVA/KOH 凝胶电解质既作为固态电解质也作为隔膜，组装成对称型柔性全固态超级电容器。PVA/KOH 凝胶电解质的制备：PVA 粉末（1g）加入到 10mL 去离子水中，在 85℃条件下，激烈搅拌直至澄清透明；再自然冷却至 40℃后，加入 1g KOH，搅拌均匀，倾倒在聚四氟乙烯的盘子上；室温冷凝固化后，裁剪成与电极匹配的尺寸；然后取两片负载量完全相同的电极和裁剪好的 PVA/KOH 凝胶电解质组装成"三明治"结构的柔性全固态超级电容器；最后，用 PET 薄膜封装组装好的柔性全固态超级电容器。

2.2.6 样品的基础表征方法

2.2.6.1 X 射线粉末衍射（PXRD）

X 射线粉末衍射（powder X-ray diffraction，PXRD）用于鉴定样品的晶体结构和相组成，本实验采用的是德国 Bruker 公司的 AXS D8 Advanced 型全自动化 X 射线粉末衍射仪，X 射线源为 Cu-Ka 辐射，管电压为 40kV，管电流为 40mA，扫描角度 2θ 为 5°~80°。

2.2.6.2 拉曼光谱（Raman spectra）

拉曼光谱仪用于检测分子结构和样品成分。本实验采用的是英国 Renishaw 公司的 inVia 型拉曼光谱仪，激光波长为 532nm，扫描波数范围为 500~3200/cm。

2.2.6.3 氮气吸附-脱附测试

氮气吸附-脱附等温线用来分析样品的比表面积和孔结构，本实验采用的是美国 Quantachrome 公司的 ASiQ-C 型气体吸附仪器，氮气吸附-脱附等温线是在 77K 条件下测得的。在气体吸附测试前，样品需在 200℃条件下抽真空 2h，进行排气处理。样品的比表面积使用 Brunauere-Emmette-Teller（BET）方法进行计算。累积孔体积和孔尺寸分布使用 Non-Local Density Functional Theory（NLDFT，nitrogen on carbon，slit/cylinder pores. QSDFT equilibrium model）模型进行计算。总孔体积是在吸附支曲线上相对压力为 0.995 时进行估算的。介孔体积（mesopore volume，V_p）和微孔体积（micropore volume，V_{mi}）分别使用 α_s-plot 方法进行计算，α_s 与相对压力（p/p_0）之间的关系方程为 $\alpha_s = 0.1385\{60.65/[0.03071-\ln(p/p_0)]\}0.3968$。

2.2.6.4 扫描电子显微镜（SEM）

扫描电子显微镜（scanning electron microscopy，SEM）用于观察样品的表面形貌，本实验采用的是日本日立公司的 SU8010 型冷场扫描电子显微镜，在加速电压为 10.0kV 下进行观测。并采用 SEM 仪配套的能谱仪（energy-dispersive spectroscopy，EDS）对样品的表面元素组成及含量进行检测，本实验采用的是英国牛津公司的 Oxford inca-max20x 型 X 射线能谱仪。

2.2.6.5 透射电子显微镜（TEM）

透射电子显微镜（transmission electron microscopy，TEM）用于观测样品的微观形貌及晶格条纹，本实验采用的是日本电子公司的 JEM-2100 型高分辨透射电子显微镜，在加速电压为 200kV 下进行观测。

2.2.7 电化学测试与计算方法

本实验所有的电化学测试都是在室温下使用上海华辰的 CHI660E 电化学工作站进行测试的。

2.2.7.1 循环伏安测试与质量比电容的计算

循环伏安测试（cyclic voltammetry，CV）是在工作电压窗口为 0~1V、扫描速度为 10~400mV/s 下进行的。

根据 CV 测试，质量比电容可以根据式（2-1）计算：

$$C = \frac{1}{mv(V_{\mathrm{b}} - V_{\mathrm{a}})}\int_{V_{\mathrm{a}}}^{V_{\mathrm{b}}} I\mathrm{d}V \quad 或 \quad C = \frac{1}{Sv(V_{\mathrm{b}} - V_{\mathrm{a}})}\int_{V_{\mathrm{a}}}^{V_{\mathrm{b}}} I\mathrm{d}V \tag{2-1}$$

式中，C 为质量比电容或面积比电容，F/g 或 F/cm^2；m 为每个工作电极上负载的活性材料的质量，g；S 为每个工作电极的面积，cm^{-2}；v 为扫描速度，V/s；V_{a}、V_{b} 分别为最高和最低工作电压，V；I 为即时电流，A。

2.2.7.2 恒电流充放电测试与质量比电容、能量密度、功率密度的计算

恒电流充放电测试（galvanostatic charge-diacharge，GCD）的工作电压窗口为 0~1V，电流密度为 0.05~20A/g。

根据 GCD 测试，质量比电容可根据式（2-2）计算：

$$C = \frac{I\Delta t}{m\Delta V} \quad 或 \quad C = \frac{I\Delta t}{S\Delta V} \tag{2-2}$$

式中，C 为质量比电容或面积比电容，F/g 或 F/cm^2；m 为每个工作电极上负载的活性材料的质量，g；S 为每个工作电极的面积，cm^2；Δt 为放电时间，s；ΔV 为充放电电压变化范围，V；I 为即时电流，A。

2.2.7.3 交流阻抗测试

开路电压为 -0.02V，频率范围为 $10^{-2} \sim 10^{-4}$Hz，振幅为 0.005V。

2.2.7.4 超级电容器能量密度与功率密度的计算

根据 GCD 测试，能量密度和功率密度分别根据式（2-3）和式（2-4）计算：

$$E = \frac{1}{2}C\Delta V^2 \tag{2-3}$$

$$P = \frac{E}{\Delta t} \tag{2-4}$$

式中，E 为能量密度，$\mathrm{W \cdot h/kg}$ 或 $\mathrm{W \cdot h/cm^2}$；P 为功率密度，$\mathrm{W/kg}$ 或 $\mathrm{W/cm^2}$；Δt 为放电时间，s；ΔV 为电压范围，V。

2.2.7.5 库仑效率

库仑效率是放电容量与充电容量的比，根据 GCD 曲线和式（2-5）、式（2-6）计算：

$$C = \frac{I\Delta t}{m} \tag{2-5}$$

$$\eta = \frac{\Delta t_{\mathrm{d}}}{\Delta t_{\mathrm{c}}} \tag{2-6}$$

式中，η 为库仑效率，%；C 为质量比电容，F/g；m 为每个工作电极上负载的活性材料的质量，g；I 为即时电流，A；Δt_{c} 为充电时间，s；Δt_{d} 为放电时间，s。

2.3   实验结果与讨论

2.3.1   不同尺寸的 Zn(tbip) 晶体的结构和形貌表征

Zn(tbip) 是由金属锌四面体与5-叔丁基间苯二甲酸盐配位构成的三维微孔 MOF。如图 2-2 所示，5-叔丁基间苯二甲酸盐配体连接相邻的锌金属节点形成无限延展的三维骨架结构，其沿 c 轴方向形成一维开放孔道或称微型管道。

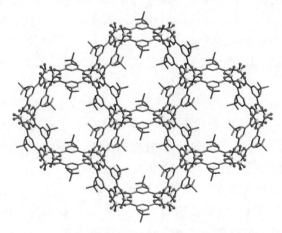

图 2-2   Zn(tbip) 沿 c 轴方向的三维结构示意图

实验制备的 Zn(tbip)-B 和 Zn(tbip)-S 晶体的结构和相纯度通过 Powder X-ray diffraction（PXRD）技术进行分析。如图 2-3 所示，实验所制备的 Zn(tbip)-B 和

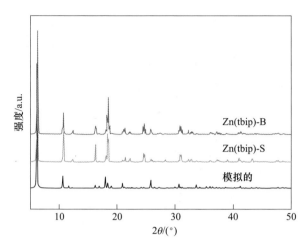

图 2-3 单晶数据模拟的和实验所制备的 Zn(tbip)-B 和 Zn(tbip)-S 的 PXRD 谱图

Zn(tbip)-S 晶体的衍射峰位置与单晶数据模拟的 Zn(tbip) 衍射峰位置相一致，证明实验制备的 Zn(tbip)-B 和 Zn(tbip)-S 具有很好的结晶度和相纯度。

Zn(tbip)-B 晶体的光学显微镜照片如图 2-4 所示，Zn(tbip)-B 晶体为长约 2mm、宽约 100mm 的棕色棒状晶体。Zn(tbip)-S 的 SEM 图像显示 Zn(tbip)-S 晶体为长约 10mm、宽约 500nm 的棒状晶体（见图 2-5）。

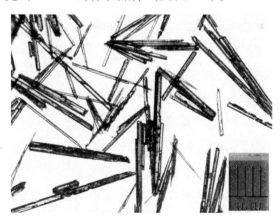

图 2-4 Zn(tbip)-B 晶体的光学照片

2.3.2 C-B-*n* 和 C-S-*n* 的 PXRD 分析

Zn(tbip)-B 和 Zn(tbip)-S 晶体经高温热解得到多层级孔碳材料 C-B-*n* 和 C-S-*n* 的 PXRD 谱图如图 2-6 所示，在 $2\theta=23°$ 和 44°处展示出两个较宽的峰分别与石墨化碳的（002）晶面和（101）晶面相对应，表明存在无定型碳结构[136]。C-B-800 和

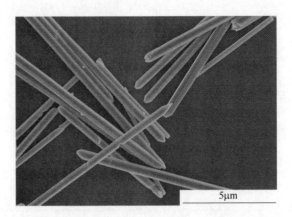

图 2-5 Zn(tbip)-S 晶体的 SEM 照片

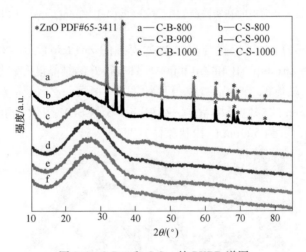

图 2-6 C-B-*n* 和 C-S-*n* 的 PXRD 谱图

C-S-800 的 PXRD 谱图上的尖峰归属于 ZnO(PDF#65-3411)的特征峰。C-B-900、C-B-1000、C-S-900 和 C-S-1000 没有显示出 ZnO 的特征峰，表明在热解温度高于 900℃时无 ZnO 相存在。C-S-900、C-B-1000、C-S-1000 在 23°附近的宽峰较 C-B-800、C-S-800、C-B-900 向右移动，且峰的强度变强，峰宽变小，表明 C-S-900、C-B-1000、C-S-1000 的石墨化程度和结晶度较 C-B-800、C-S-800、C-B-900 高。C-B-*n* 和 C-S-*n* 样品的碳化过程如图 2-7 所示。

2.3.3 C-B-*n* 和 C-S-*n* 的拉曼光谱分析

拉曼光谱（Raman spectroscopy）用于调查 C-B-*n* 和 C-S-*n* 的石墨化程度，其拉曼光谱图如图 2-8 所示。特征峰 1328cm^{-1} 和 1590cm^{-1} 分别归属于碳原子晶体的 D 峰和 G 峰。D 峰代表碳原子的晶格缺陷，G 峰代表碳原子 sp^2 杂化的面内伸缩

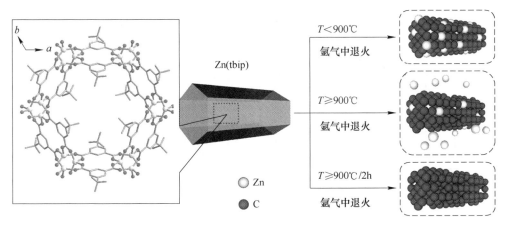

图 2-7 Zn(tbip) 碳化过程示意图

振动[137]。I_G/I_D 的比值用来描述 D 峰和 G 峰强度的关系，I_G/I_D 的比值取决于石墨化材料的类型，其反映材料的石墨化程度[138]。随着碳化温度的升高，I_G/I_D 的比值逐渐增加，表明随着碳化温度的升高，C-B-n 和 C-S-n 的石墨化程度逐渐升高[139]。此外，在 2650cm^{-1} 和 2900cm^{-1} 出现特征峰，分别代表 2D 峰和（D+G）峰[140]，进一步证明 C-B-n 和 C-S-n 中存在石墨化结构。

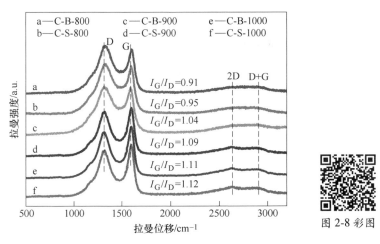

图 2-8 彩图

图 2-8 C-B-n 和 C-S-n 的拉曼光谱图

2.3.4 C-B-n 和 C-S-n 的比表面积及孔结构分析

通过在 77K 的氮气吸附-脱附测试评估 C-B-n 和 C-S-n 样品的比表面积及孔尺寸分布情况。利用 BET 法计算其比表面积，利用密度泛函理论（non-local density functional，NLDFT）模型计算累计孔体积和孔尺寸分布。如图 2-9 所示，C-B-n

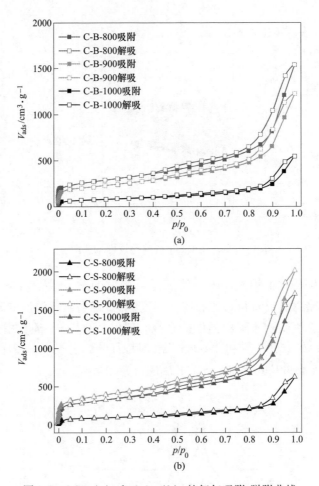

图 2-9 C-B-*n*(a) 和 C-S-*n*(b) 的氮气吸附-脱附曲线

和 C-S-*n* 呈现 IV-型气体吸附等温线，表明存在不同尺寸的孔[133, 141]。当相对压力 p/p_0< 0.1 时，氮气吸附体积急剧增大，表明存在微孔。当相对压力在 0.5<p/p_0< 1 范围内时，吸附曲线与脱附曲线之间出现滞后环，表明存在丰富的介孔。当相对压力 $p/p_0 \approx 1$ 时，吸附曲线垂直上升，表明存在大孔[142]。C-B-*n* 和 C-S-*n* 的比表面积及孔体积数值列于表 2-3 中。通过对比可知，C-S-900 具有最大的比表面积和最大的孔体积，C-B-800 展示了最小的比表面积和最小的孔体积。

表 2-3 C-B-*n* 和 C-S-*n* 的 BET 比表面积及孔体积

样品	比表面积 /$m^2 \cdot g^{-1}$	总体积① /$cm^3 \cdot g^{-1}$	微孔体积② /$cm^3 \cdot g^{-1}$	介孔体积③ /$cm^3 \cdot g^{-1}$
C-S-800	318. 6	0. 78	0. 10	0. 51
C-S-900	1356. 3	2. 72	0. 33	1. 85

续表 2-3

样品	比表面积 /m² · g⁻¹	总体积① /cm³ · g⁻¹	微孔体积② /cm³ · g⁻¹	介孔体积③ /cm³ · g⁻¹
C-S-1000	1122. 3	2. 26	0. 19	1. 53
C-B-800	191. 2	0. 48	0. 06	0. 30
C-B-900	542. 5	1. 10	0. 11	0. 72
C-B-1000	527. 5	1. 04	0. 09	0. 73

① 氮气吸附在 $p/p_0 \approx 0.995$ 时孔的总体积，包括微孔、介孔、粒子间的孔体积。

② 根据 α_s-plots 公式分析所得的微孔体积。

③ 根据 α_s-plots 公式分析所得的介孔体积。

这个结果可能归因于两个因素：（1）碳化温度；（2）前驱体 MOFs 的粒径尺寸。碳化温度为 800℃ 时，碳化不充分不足以形成丰富的多孔结构[140]。然而，当碳化温度达到 900℃ 时，ZnO 被 C 还原成的单质 Zn 开始沸腾（$ZnO_{(s)} + C_{(s)} \rightarrow Zn + CO_x$），Zn 起到造孔剂的作用，之后随 Ar 气流移除，多孔碳网络充分发展，产生高比表面积以及多层级孔结构的 3D 连通的碳网络[143]。随着温度升高到 1000℃，多孔碳纳米粒子产生团聚、紧密堆叠而降低多孔性。

C-B-n 和 C-S-n 多孔碳的孔径分布如图 2-10 所示，C-B-n 和 C-S-n 多孔碳样品展示了非常接近的孔尺寸分布情况，包括在 1.5nm 附近狭窄的微孔，以及 5~30nm 范围内相对宽的介孔分布。微孔和介孔的存在是由于碳的气化和 Zn 蒸发时的刻蚀[144]，因此可推断，碳化温度是衍生多孔碳材料的重要因素[132]。

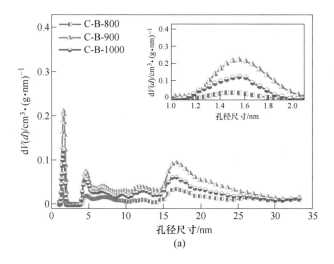

(a)

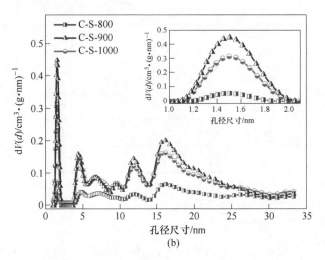

(b)

图 2-10   C-B-*n*(a) 和 C-S-*n*(b) 的孔径分布图

2.3.5   C-B-*n* 和 C-S-*n* 的 SEM 及 TEM 分析

　　C-B-*n* 和 C-S-*n* 的形貌和微观结构通过 SEM 和 TEM 进行观察。如图 2-11 和图 2-12 所示，可以清晰观察到多孔碳结构的演变过程。在不同碳化温度下，两种尺寸的 MOFs 前驱体衍生的多孔碳材料的微观结构有明显不同。通过对比 6 种衍生碳材料的 SEM 图，发现 C-S-900 展现出最均匀分散的三维多孔网络结构。大

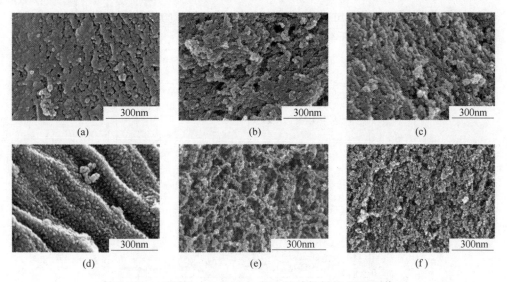

图 2-11   不同尺寸 Zn(tbip) 衍生的碳材料的 SEM 图像

(a) C-B-800；(b) C-B-900；(c) C-B-1000；(d) C-S-800；(e) C-S-900；(f) C-S-1000

尺寸 Zn(tbip)-B 衍生的多孔碳纳米粒子的直径约为 50nm，小尺寸 Zn(tbip)-S 衍生的多孔碳纳米粒子的直径约为 20nm。通过 TEM 进一步观察衍生碳材料的多孔结构，对比 6 种多孔碳材料的 TEM 图，C-S-900 展示出最为明显的石墨褶皱结构。

图 2-12　不同尺寸 Zn(tbip) 衍生碳材料的 TEM 图像

(a) C-B-800；(b) C-B-900；(c) C-B-1000；(d) C-S-800；(e) C-S-900；(f) C-S-1000

　　从 C-S-900 的 HRTEM 图（见图 2-13）可观察到 C-S-900 具有连续多孔结构，并展现出清晰的晶格条纹，0.36nm 和 0.21nm 分别对应石墨的（002）和（101）晶面。进一步证明，碳化温度和 MOFs 前驱体的尺寸大小对衍生碳材料的结构起到决定性的作用。

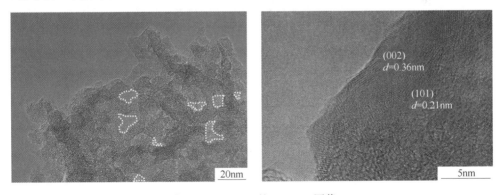

图 2-13　C-S-900 的 HRTEM 图像

2.3.6　电化学性能研究

　　为了进一步探究比表面积、多孔结构、导电性对超级电容器电化学性能的影响，首先，以 C-B-*n* 和 C-S-*n* 作为电极、无纺布为隔膜、6mol/L KOH 水溶液为电解液组装成对称型两电极扣式电容器，并探究其电化学性能。以 C-B-*n* 和 C-S-*n* 为电极组装成的扣式电容器的原理图以及电极和扣式电容器的光学照片如图 2-14 所示。

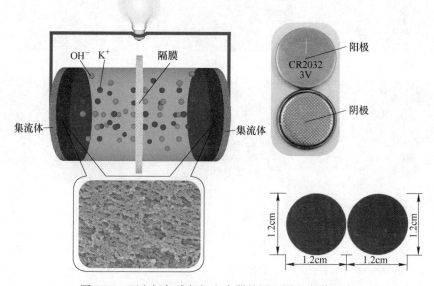

图 2-14　两电极扣式超级电容器的原理图和光学照片

然后，对 C-B-*n* 和 C-S-*n* 电极进行循环伏安（CV）测试，对比 C-B-*n* 和 C-S-*n* 电极在 10mV/s 扫描速度下的 CV 曲线包围的封闭面积（见图 2-15），当 *n* 值相同

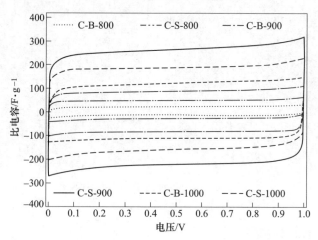

图 2-15　C-B-*n* 和 C-S-*n* 在 10mV/s 扫描速度下的 CV 曲线

时，C-S-n 包围的面积大于 C-B-n 包围的面积，即 C-S-n 的质量比电容高于 C-B-n 的质量比电容。这归因于 C-S-n 具有更高的比表面积，即具有更多的吸附位点，有利于电解质离子通过静电作用积累到活性材料表面，以提高其比电容。根据式（2-1），计算了 C-B-n 和 C-S-n 在不同扫描速度下的质量比电容（见表 2-4）。C-S-800、C-S-900、C-S-1000 在 10mV/s 时的质量比电容分别为 61F/g、369F/g、248F/g，而 C-B-800、C-B-900、C-B-1000 在 10mV/s 时的质量比电容分别为 35F/g、116F/g、148F/g。

表 2-4　根据循环伏安曲线计算 C-B-n 和 C-S-n 在不同扫描速度下的质量比电容

扫描速度/mV·s^{-1}		10	25	50	100	200	300	400
质量比电容 /F·g^{-1}	C-B-800	35	32	25	24	22	21	21
	C-S-800	61	51	47	43	40	39	38
	C-B-900	116	104	93	90	89	87	86
	C-S-900	369	305	268	254	231	229	226
	C-B-1000	148	135	125	117	111	110	107
	C-S-1000	248	218	194	183	176	172	170

不同扫描速度下的循环伏安曲线如图 2-16 所示。在扫描速度为 10mV/s 时 CV 曲线呈现对称的矩形，当扫描速度增加到 400mV/s 时，CV 曲线仍保持对称的矩形，说明 C-B-n 和 C-S-n 电极具有理想的电容行为。在所有样品中，C-S-900 获得了最大的质量比电容，尽管在高扫描速度下（400mV/s），其质量比电容仍高达 226F/g。扫描速度扩大了 40 倍后，C-S-90 展现了高的电容保留率（61%），表明其具有好的电荷扩散能力。这归因于 C-S-900 具有多层级孔结构、最高的比表面积和最大的孔体积以及高导电性。

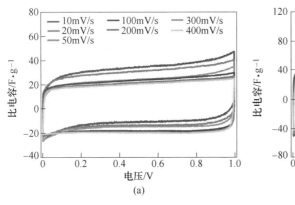

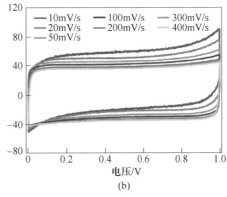

(a)　　　　　　　　　　　　(b)

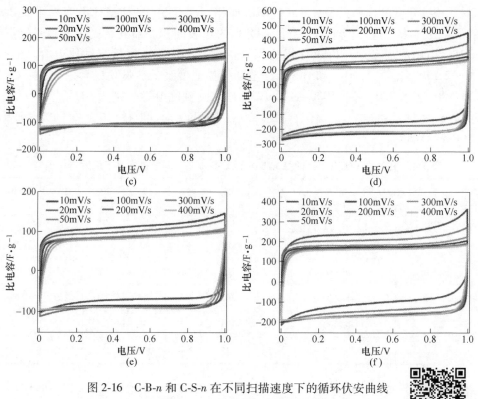

图 2-16 C-B-*n* 和 C-S-*n* 在不同扫描速度下的循环伏安曲线
(a) C-B-800；(b) C-B-900；(c) C-B-1000；
(d) C-S-800；(e) C-S-900；(f) C-S-1000

图 2-16 彩图

为了进一步评估 C-B-*n* 和 C-S-*n* 电极的电化学性能，对 C-B-*n* 和 C-S-*n* 电极进行恒电流充放电（GCD）测试。C-B-*n* 和 C-S-*n* 电极在不同电流密度下 GCD 曲线如图 2-17 所示。当电流密度从 50mA/g 增加到 20A/g 时，C-B-*n* 和 C-S-*n* 的 GCD 曲线始终接近等腰三角形并显示出较小的欧姆电压降，表明 C-B-*n* 和 C-S-*n* 具有理想的电容行为和极好的电化学可逆性，与 CV 测试结果相一致。

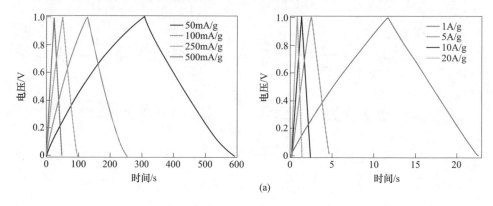

(a)

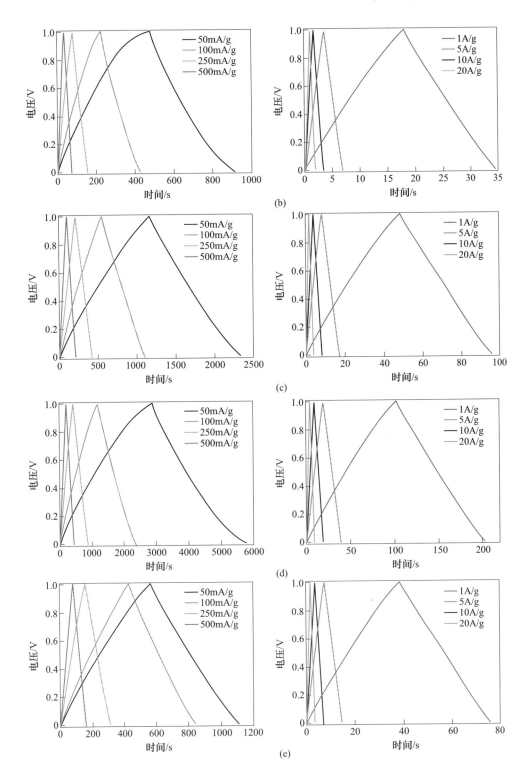

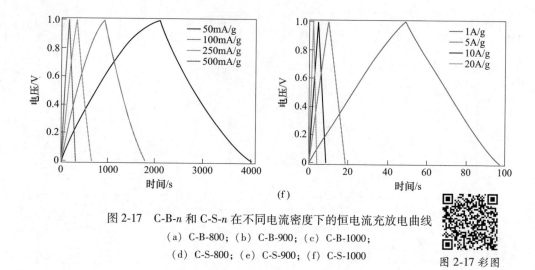

图 2-17　C-B-*n* 和 C-S-*n* 在不同电流密度下的恒电流充放电曲线
(a) C-B-800；(b) C-B-900；(c) C-B-1000；
(d) C-S-800；(e) C-S-900；(f) C-S-1000

图 2-17 彩图

　　而且，放电电压与放电时间呈线性关系，表明没有法拉第过程[145]。根据式（2-2）计算不同电流密度下 C-B-*n* 和 C-S-*n* 的质量比电容（见图2-18），C-S-800、C-S-900、C-S-1000 在 0.5A/g 电流密度下的质量比电容分别为 43F/g、264F/g、192F/g，而 C-B-800、C-B-900、C-B-1000 在 0.5A/g 电流密度下的质量比电容分别为 21F/g、96F/g、127F/g。正如所料，C-S-900 在 C-B-*n* 和 C-S-*n* 中展示了最大的质量比电容。当电流密度为 50mA/g 时，C-S-900 的质量比电容为359F/g，尽管电流密度增加到 20A/g，C-S-900 仍具有 226F/g 的质量比电容，其电容保留率为 63%，表明 C-S-900 具有极好的倍率性能。

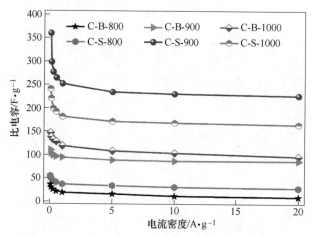

图 2-18　C-B-*n* 和 C-S-*n* 在不同电流密度下的质量比电容

C-S-900 电极材料与报道的 MOFs 衍生碳材料电极，以酸或碱的水溶液做电解液组装的对称型扣式电容器的电容性能对比见表 2-5，发现 C-S-900 电极材料展现出明显的优势。

表 2-5　对比 MOFs 衍生碳电极材料的比电容

样品	电流密度 /A·g⁻¹	扫描速度 /mV·s⁻¹	电解质	电化学窗口 /V	电容 /F·g⁻¹	参考文献
AS-ZC-800	0.25	—	1mol/L H₂SO₄	−0.5~0.5	251	[129]
NPC-MOF-5	0.25	—	1mol/L H₂SO₄	−0.5~0.5	258	[130]
Graphene Nanoribbons	0.05	—	1mol/L H₂SO₄	0~1	198	[133]
NPC650	—	10	1mol/L H₂SO₄	−0.5~0.5	165	[142]
C800	—	5	1mol/L H₂SO₄	−0.5~0.5	188	[144]
Carbon-L-950	10	—	6mol/L KOH	−1~0	178	[136]
C-S-900	20	—	6mol/L KOH	0~1	226	本章工作
C-S-900	—	10	6mol/L KOH	0~1	369	本章工作

为了进一步研究 C-S-n 和 C-B-n 样品的电化学性能，对 C-S-n 和 C-B-n 样品实施了电化学阻抗测试（EIS）。EIS 测试结果如图 2-19 所示，Nyquist 图在低频区展示出一条直线，在高频区展示出一个宽的半圆，分别对应电极反应的反应物或生成物的扩散控制和电荷转移动力学控制区域。等效电路图中 R_s 代表电解液阻抗，R_{ct} 代表电荷转移阻抗，W 代表 Waburg 阻抗，C_{dl} 代表电化学双电层电容（EDLC）。低频区的斜线对应 Waburg 阻抗，与离子从电解液中转移到电极表面的过程有关。

如图 2-19 中插图所示，C-S-n 和 C-B-n 的电荷转移阻抗（R_{ct}）随碳化温度的升高而逐渐减小，表明较高的石墨化程度促进电解质离子和电子的传输。Nyquist 图中高频区与实轴的截距代表内部电阻（R_s），C-S-900 显示出相对较低的内部电阻（$R_s = 0.43\Omega$）。此外，在中频区 C-S-900 显示出一条 45°倾斜的曲线，代表 Warburg 阻抗，再次证明 C-S-900 具有较低的内阻。一般来说，较低的内阻表明其具有更好的导电性，并且电解质离子在电极材料孔洞中能够快速地传输和扩散，有益于电容性能的提升[133]。

Bode 图是相角与频率之间的关系，C-S-900 在低频区展示出约 90°的相角（见图 2-20），表明其近乎理想的电容行为[146]。工作频率 f_0 是相角为 45°时的特征频率，C-S-900 的 f_0 为 3.9Hz，相应的弛豫时间常数 t_0（$t_0 = 1/f_0$）为 0.256s，较商用的 AC 电容器（约 10s）[139, 147]、多层级孔结构的碳纳米笼（0.6s）[148]具有更短的弛豫时间，表明 C-S-900 具有更好的电容行为。

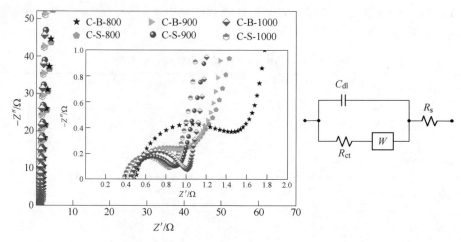

图 2-19   C-B-n 和 C-S-n 电极在 0.01~10^5 Hz 频率范围间的 Nyquist 曲线及等效电路图

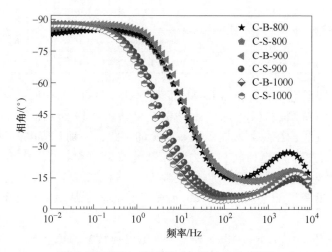

图 2-20   C-B-n 和 C-S-n 电极的 Bode 相图

循环寿命是超级电容器在实际应用中的一个重要参数，因为它与电极/电解液、电极/集流体的界面有紧密的联系[149]。通过恒流充放电测试探究 C-S-900 电极组装的扣式电容器的循环稳定性。如图 2-21 所示，在 1A/g 电流密度下，循环 10000 次后，其电容保留率为 93%，库仑效率达 99%，表明 C-S-900 电极组装的扣式电容器具有极好的循环稳定性和极高的库仑效率。超长的循环稳定性和超高的库仑效率归因于 C-S-900 具有良好的结构稳定性和电化学稳定性。

能量密度和功率密度是超级电容器器件在实际应用中的另一个重要参数[150]，可通过 GCD 曲线，根据式（2-3）和式（2-4）计算。如图 2-22 所示，C-S-900 电极组装的扣式电容器获得的最高能量密度为 12.5Wh/kg，最大的功率密度为

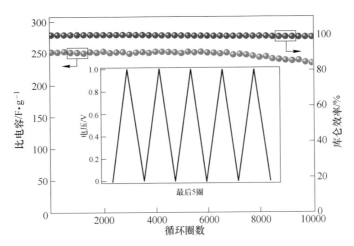

图 2-21　C-S-900 电极在 1A/g 电流密度下进行 10000 次恒流充放电
循环寿命曲线及库仑效率曲线（插图：最后 5 次循环的充放电曲线）

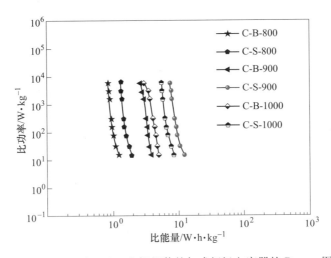

图 2-22　C-B-n 和 C-S-n 电极组装的扣式超级电容器的 Ragone 图

7200W/kg。对比报道过的碳基水系电解液扣式电容器，C-S-900 展示了较高的能
量密度、功率密度和电容保留率（见图 2-23）[132, 151-156]。

　　为了进一步探索实际应用，如图 2-24 所示，三个串联的 C-S-900 组装的扣式
超级电容器器件组能够成功点亮一个 3.0V 的商用 LED 灯泡，证明所制备的超级
电容器器件在能源供应等领域具有潜在应用。

　　柔性超级电容器能够在不同机械弯折角度仍具有极好的电化学性能，能满足
可穿戴、智能电子器件等领域的需求，因此得到广泛关注[157]。以 C-S-900 为电

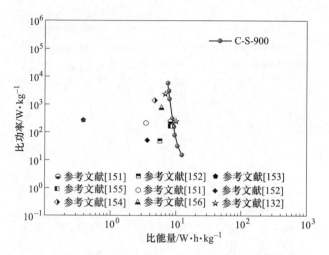

图 2-23   C-S-900 电极组装的扣式电容器与报道的水系扣式
超级电容器对比的 Ragone 图

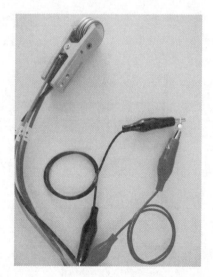

图 2-24   三个串联的 C-S-900 组装的扣式超级电容器组
点亮一个商用 3.0V LED 灯

极，以 PVA/KOH 为凝胶电解质，此 PVA/KOH 凝胶电解质既作为固态电解质也作为隔膜，组装成对称型柔性全固态超级电容器，其原理示意图及弯折状态下的光学照片如图 2-25 所示。PVA/KOH 凝胶电解质很容易浸渍到碳材料的三维网络中[158]，并且可以大大减小超级电容器器件的整体厚度。

对 C-S-900 电极组装的柔性全固态超级电容器进行循环伏安测试，其 CV 曲

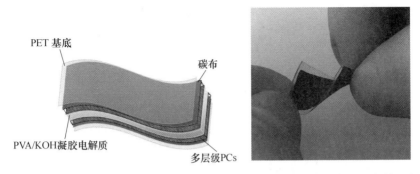

图 2-25　C-B-*n* 和 C-S-*n* 组装的柔性全固态超级电容器的原理示意图及光学照片

线如图 2-26 所示，扫描速度从 10mV/s 增大到 100mV/s 该柔性器件的 CV 曲线均接近矩形，证明该器件具有理想的电容特征。

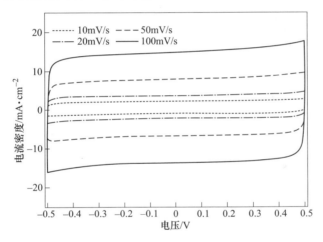

图 2-26　C-S-900 组装的柔性全固态超级电容器在不同扫描速度下的 CV 曲线

又对 C-S-900 电极组装的柔性全固态超级电容器进行了恒电流充放电测试，其 GCD 曲线如图 2-27 所示。不同电流密度（$0.15\sim6\mathrm{A/cm^2}$）下的 GCD 曲线均呈现近似等腰三角形形状，再次证明该器件具有良好的电容特征。依据 GCD 曲线数据，根据式（2-2）计算该柔性全固态超级电容器器件的面积比电容。在 $0.15\mathrm{A/cm^2}$ 电流密度下，该器件的面积比电容为 $159\mathrm{mF/cm^2}$。当电流密度增大到 $6\mathrm{A/cm^2}$ 时，该器件的面积比电容为 $134\mathrm{mF/cm^2}$。电流扩大 40 倍后，其电容保留率为 84%，表明该器件具有很好的倍率性能。通过 GCD 曲线，根据式（2-3）和式（2-4）计算该柔性全固态超级电容器器件的能量密度和功率密度。该器件获得的最大能量密度为 $0.0049\mathrm{mW \cdot h/cm^2}$，最高的功率密度为 $0.58\mathrm{W/cm^2}$。

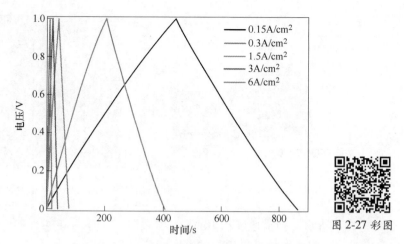

图 2-27　C-S-900 组装的柔性全固态超级电容器在不同电流密度下的 GCD 曲线

为了进一步评估 C-S-900 作为柔性电极的可行性,对该器件在不同实际情况中的电化学性能进行测试。首先,测试了该器件在不同机械弯折角度下的 CV 曲线。如图 2-28 所示,在 0°、90°、180° 弯折角度下,CV 曲线的形状几乎没有变化,证明 C-S-900 柔性全固态超级电容器具有很好的机械稳定性。良好的机械稳定性可归因于 C-S-900 碳材料具有连续的三维导电网络结构,该三维导电网络提供了极好的力学性能。

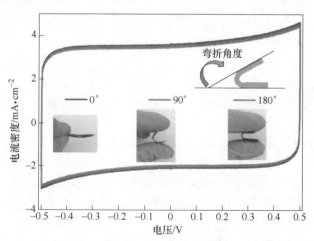

图 2-28　C-S-900 组装的柔性全固态超级电容器在 20mV/s
扫描速度下不同弯折角度的 CV 曲线

耐久性是超级电容在实际应用中的重要参数,通过循环恒电流充放电测试对该柔性全固态超级电容器的耐久性进行评估。图 2-29 是该柔性器件伸展-弯曲循环稳定性测试图，经过 2000 次伸展-弯曲，该柔性器件的电容保留率为 96%，证明其具有极好的耐久性。

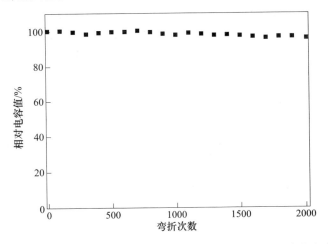

图 2-29   C-S-900 组装的柔性全固态超级电容器伸展-弯曲 2000 次的电容保留率

为了满足实际应用中需要的能量密度和功率密度，对单独一个器件、多个器件串联或并联进行恒电流充放电测试，进一步探究该柔性器件在实际应用中的潜能。如图 2-30 所示，对比单独一个器件、三个串联的器件、三个并联的器件在 0.3A/cm² 电流密度下的 GCD 曲线，发现三者的 GCD 曲线均呈现类似等腰三角形的形状。三个串联的器件展示出 3.0V 的输出电压，是单独一个器件输出电压的 3 倍，而充放电时间几乎相同。三个并联的器件展示出 1.0V 的输出电压，与单独一个器件输出电压相同，但充放电时间几乎是单独一个器件充放电时间的 3

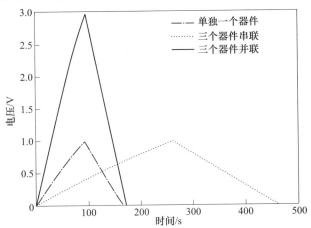

图 2-30   单独一个 C-S-900 组装的柔性全固态超级电容器、三个串联器件、
三个并联器件在 0.3A/cm² 电流密度下的 GCD 曲线

倍。这些实验结果表明该柔性全固态超级电容器器件在实际应用中几乎没有电化学性能衰退的现象。

为了进一步探索实际应用，将三个器件串联能够成功点亮一个 3.0V 的红色 LED 灯泡超过 10min（见图 2-31）。从以上这些结果可以发现，C-S-900 柔性电极具有良好的机械稳定性，是制造柔性超级电容器的理想电极材料。

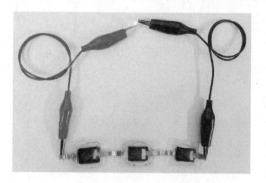

图 2-31 彩图

图 2-31 三个串联的 C-S-900 组装的柔性全固态超级电容器点亮一个商用 3.0V LED 灯

2.4 本章小结

本章通过温和的水热过程制备了两种粒径尺寸的 Zn(tbip) 晶体，然后以两种粒径尺寸的 Zn(tbip) 晶体为牺牲模板，通过一步热解法，在 800~1000℃下成功制备出三维海绵状多级孔结构碳材料。其中小尺寸 Zn(tbip) 为牺牲模板在 900℃碳化温度下得到的碳材料（C-S-900）展示出最大的比表面积（1356m²/g），可以提供更多的电荷存储位点；多层级孔结构，可以提供通畅的离子扩散路径。受益于这些特征，C-S-900 作为超级电容器电极材料在 10mV/s 扫描速度下，展现出最高的质量比电容 369F/g。此外，C-S-900 电极和 PVA/KOH 溶胶凝胶电解质组装的柔性全固态超级电容器展示出很高的面积比电容、极好的机械稳定性和循环稳定性。基于成本效益和极好的电化学行为，C-S-900 电极在各种各样与能源相关的应用中是一个有前景的电极材料。C-S-900 电极具有更好的电容行为可归因于以下几点：（1）比表面积对电容器的电荷存储具有重要影响。高的比表面积有利于离子通过静电吸引作用进行累积，进而提高电容量。（2）多层级孔结构有利于电解质离子快速的扩散和传输，尽管在快速的充放电操作过程中也能完成。特别是微孔电荷存储可以有效提高超级电容器的电容值。（3）MOF-衍生的多孔网络是相互连通的。这个独特优势允许电荷利用几乎所有可接近的比表面积。上述这些因素极大地改善了超级电容器性能。对比实验也清晰证明 C-S-900 作为电极材料比其他 C-B-n 和 C-S-n 电极材料拥有更好的导电性和电容行为。

　　本章实验证明，MOFs 牺牲模板的粒子尺寸和碳化温度对多孔碳的微观结构具有深远的影响。在今后的研究工作中，多孔碳电极材料的电化学性能可以通过调控 MOFs 的粒径和碳化温度进行优化。

3 中空核壳 ZnO@ZIF-8 的制备及柔性超级电容器性能研究

3.1 引　言

　　柔性超级电容器，作为新兴的能源存储器件，在便携式、可穿戴电子器件等领域被迫切需求[159]。构建有前景的柔性超级电容器面临的一个关键问题是设计具有极好机械稳健性的高性能电极材料。因此，许多研究者致力于设计和合成具有独特结构和形貌的复合电极材料[160]。特别是，中空核壳异质结构其结合了功能性的外壳和中空结构的核可以在能源存储应用中提供杰出的结构优势[161]。详细地说，设计具有多孔特征的壳能够提供更多的开放孔道，减小扩散堆积，能够使电解液更有效地渗透到中空结构的空腔中[162]。同时，空腔增加了表面积与体积的比值，即增加电解液与电极的接触面积，更有利于离子的运输。此外，中空核的内部空间可以有效地抑制电极在反复的离子嵌入-脱出过程中引起的体积变化，确保容器能量的稳定输出[163]。理性地选择核和壳组分使制备高比表面积、高性能的异质中空核壳结构的电极材料成为可能。到目前为止，精确地控制和制备独特的中空核壳异质结构仍存在挑战。

　　金属有机骨架材料（metal-organic frameworks，MOFs）是一类迷人的固态晶体材料，因具有固有的多孔特征和超高的比表面积被认为是理想的电极材料[164]。特别是，制造以 MOFs 为核或壳的核壳结构是能够较容易实现的。然而，大多数 MOFs 具有较差的导电性，这样就限制了 MOFs 作为电极材料在超级电容器等方面的应用。目前，一些策略已经被应用于改善 MOFs 基电极材料的导电性。比较常用的方法是混合 MOFs 与导电聚合物，这也被证明是有效的方法，能够整合各个组分的优势。例如，王博课题组成功制备出 PANI-ZIF-7 复合电极材料，研究发现其展示出显著提高的电化学性能[165]。另一个提高导电性的方式是在导电基底上原位生长金属氧化物，至今，大量的研究已经证实在导电基底上原位生长金属氧化物能够有效抑制电极材料的机械脱落，极大地优化活性材料与导电基底的连接。而且，这种原位生长的方法可以避免电极材料中黏结剂和导电剂等"死料"的使用[166]。

　　因此，基于上述几点的考虑，通过设计"原位生长—刻蚀—包覆"过程，整合上述几点策略的优势于一体，制备出一个独特的中空核壳异质结构电极材料（PANI/ZnO@ZIF-8-CC）。PANI/ZnO@ZIF-8-CC 电极材料结合了稳定的结构设计以及各组分间的协同效应，展示出超高的面积比电容 4839mF/cm² （电流密度为 5mA/cm²）、优良的倍率性能和极好的循环稳定性。本章的工作证明 PANI/ZnO@ZIF-8-CC 作为柔性电极材料在先进的能源存储和转换应用中具有很好的前景，并进一步证明中空核壳异质结构可以为制造具有较高电荷存储能力的能源设备提供巨大的机会和可能。

3.2 实 验 部 分

3.2.1 实验原料

实验原料名称、纯度及生产厂家见表 3-1。

表 3-1 实验原料名称、纯度及生产厂家

原料名称	纯度	生产厂家
乙酸锌（$Zn(CH_3COO)_2 \cdot 2H_2O$）	分析纯	国药集团化学试剂有限公司
2-甲基咪唑（2-MeIM）	分析纯	上海麦克林生化科技有限公司
N，N-二甲基甲酰胺（DMF）	分析纯	国药集团化学试剂有限公司
硅钨酸（$H_4O_{40}SiW_{12} \cdot 2H_2O$）	分析纯	TCI 试剂公司
无水乙醇（C_2H_5OH）	分析纯	天津市永大化学试剂有限公司
苯胺（$C_6H_5NH_2$）	分析纯	国药集团化学试剂有限公司
聚乙烯醇（PVA）	分析纯	上海麦克林生化科技有限公司
氯化钾（KCl）	分析纯	上海麦克林生化科技有限公司
去离子水	—	自制
碳布（CC）	亲水型	中国台湾碳能科技公司

3.2.2 实验仪器

实验仪器名称、型号及生产厂家见表 3-2。

表 3-2 实验仪器名称、型号及生产厂家

仪器名称	仪器型号	生产厂家
X 射线粉末衍射仪	D8ADVANCE	德国 Bruker 公司
冷场发射扫描电子显微镜	SU8010	日本日立
透射电子显微镜	JEM-2100	日本电子
傅里叶变换红外光谱	Nicolet 5DX	美国 Nicolet 公司
拉曼光谱仪	inVia	英国 Renishaw 公司

仪器名称	仪器型号	生产厂家
气体吸附仪	ASiQ-C	美国 Quantachrome 公司
电化学工作站	CHI660E	上海辰华仪器有限公司
视频光学接触角测试仪	SDA 100	德国 Kruss 公司
X 射线光电子能谱分析仪	PHIQuantum 2000 spectrometer	日本 Ulvac-Phi 公司
铂片电极	—	天津艾达恒晟科技发展有限公司
银-氯化银电极	—	天津艾达恒晟科技发展有限公司
铂片电极夹	—	天津艾达恒晟科技发展有限公司

3.2.3 中空球 ZnO-CC 的合成

在碳布基底上原位生长中空球 ZnO 是通过溶剂热的方法实现的。首先，将直接购买的碳布裁成 1cm×1cm 大小，放入装有浓硝酸与浓硫酸的混合溶液（体积比为 3∶1）中，80℃冷凝回流 8h，再用去离子水充分洗涤后烘干，称量其质量待用。中空球 ZnO 的合成与之前报道的合成方法类似。将乙酸锌（0.5g，2.7mmol）加入到 15mL 1mol/L 的硅钨酸乙醇溶液中，超声使其形成均一溶液。再将活化后的碳布（CC）浸入到上述溶液中，一并转移到 25mL 的聚四氟乙烯的高压反应釜中，密封后放入事先预热好的 120℃烘箱中，加热 3d。然后自然冷却至室温，分别用去离子水和乙醇洗涤数次，在 60℃真空干燥箱中干燥 12h，得到生长在碳布上的中空球 ZnO，称量其质量待用。

3.2.4 中空核壳 ZnO@ZIF-8-CC 的合成

将 2-甲基咪唑（0.17g，2mmol）加入到 16mL 的 DMF 与水的混合溶液（DMF 与水的体积比为 3∶1）中，超声 15min 后，再将制备好的 ZnO-CC 浸渍到混合均匀的溶液中，一并转移到 25mL 的聚四氟乙烯高压反应釜中，反应釜密封后置于事先预热好的 75℃烘箱中，加热反应 1~48h，ZIF-8 的负载量通过反应时间控制。待反应结束，自然冷却降至室温后，分别用 DMF 和乙醇洗涤数次，在 60℃真空干燥箱中干燥 12h 后，得到生长在碳布上的 ZnO@ZIF-8-CC，称量其质量待用。

3.2.5 PANI/ZnO@ZIF-8-CC 的合成

聚苯胺（PANI）纳米涂层通过常用的电沉积方法制备，苯胺的聚合过程在三电极电解池中进行，电解液采用 3mol/L KCl 水溶液，电解液中加入 0.1mol/L 的苯胺（减压蒸馏后的苯胺），银-氯化银电极作为参比电极，铂片电极作为对电极，上述制备的 ZnO@ZIF-8-CC 作为工作电极。采用循环伏安法进行电沉积，工作电压窗口为-0.2~1.0V，扫描速度为30mV/s，聚苯胺的负载量通过循环伏安电沉积扫描的圈数控制。电沉积结束后，用大量去离子水充分洗涤，再在80℃真空干燥箱中烘干12h，获得PANI/ZnO@ZIF-8-CC，称量其质量待用。经过同样的过程制得PANI-CC、PANI/ZnO-CC。每种成分的质量通过每步反应前后的质量差计算，而且为了避免误差，每个样品都做了大量的平行实验。

3.2.6 对称型柔性超级电容器的组装

首先，制备PVA/KCl凝胶电解质，将1g PVA溶解在10mL 0.02mol/L KCl水溶液中，在85℃激烈搅拌直至澄清透明。自然冷却降温至40℃后倾倒在聚四氟乙烯的盘子上，在空气中干燥自然挥发掉多余的水。室温下固化后，将凝胶电解质裁剪成与电极匹配的尺寸待用。取两个制备好的PANI/ZnO@ZIF-8-CC电极与一片凝胶电解质组装成"三明治"结构的超级电容器。这里PVA/KCl既作为固态电解质又作为隔膜。

3.2.7 样品的基础表征方法

（1）X射线粉末衍射（PXRD）：同2.2.6节PXRD部分所述。

（2）傅里叶变换红外光谱（FTIR）：傅里叶变换红外光谱（Fourier transform infrared spectrometer）用于检测样品所具有的官能团。本章采用的是美国Nicolet公司的Nicolet 5DX型傅里叶变换红外光谱仪，KBr压片，测量范围为400~4000cm^{-1}。

（3）氮气吸附-脱附等温线：同2.2.6节氮气吸附测试部分所述。

（4）扫描电子显微镜（SEM）：扫描电子显微镜（scanning electron microscopy，SEM）用于观察样品的表面形貌，本章采用的是日本日立公司的SU8010型冷场扫描电子显微镜，在加速电压为10.0kV下进行观测。并采用SEM仪配套的能谱仪（energy-dispersive spectroscopy，EDS）对样品的表面元素组成及含量进行检测，本章采用的是英国牛津公司的Oxford inca-max20x型X射线能谱仪。

（5）透射电子显微镜（TEM）：同2.2.6节TEM部分所述。

（6）接触角测试：接触角测试用于探究样品的浸润性，本章采用的是德国Kruss公司生产的SDA 100型视频光学接触角测试仪，对接触角进行测试。

（7）X射线光电子能谱（XPS）：X射线光电子能谱（X-ray photoelectron spectroscopy，XPS）用于检测样品的表面组成及电子状态分析。本章采用的是日本Ulvac-Phi公司生产的PHI Quantum 2000 spectrometer型X射线光电子能谱分析仪，使用的X射线辐射源为Al-Ka。

3.2.8 电化学测试与计算方法

本章所有的电化学测试都是在室温下使用上海华辰的CHI660E电化学工作

站进行测试的。

（1）循环伏安测试与质量比电容的计算：循环伏安测试（cyclic voltammetry，CV）是在工作电压窗口为 0~1V、扫描速度为 1~100mV/s 下进行的。

根据 CV 测试，质量比电容可以根据式（3-1）计算：

$$C = \frac{1}{Sv(V_b - V_a)} \int_{V_a}^{V_b} I\mathrm{d}V \tag{3-1}$$

式中，C 为面积比电容，F/cm^2；S 为每个工作电极的面积，cm^2；v 为扫描速度，V/s；V_a、V_b 分别为最高和最低工作电压，V；I 为即时电流，A。

（2）恒电流充放电测试与质量比电容、能量密度、功率密度的计算：恒电流充放电测试（galvanostatic charge-diacharge，GCD）的工作电压窗口为 0~1V，电流密度为 0.5~30mA/cm^2。

根据 GCD 测试，质量比电容可根据式（3-2）计算：

$$C = \frac{I\Delta t}{S \times \Delta V} \tag{3-2}$$

式中，C 为面积比电容，F/cm^2；S 为每个工作电极的面积，cm^2；Δt 为放电时间，s；ΔV 为充放电电压变化范围，V；I 为即时电流，A。

（3）交流阻抗测试：交流阻抗（EIS）测试是在开路电压为 −0.02V、频率范围为 10^{-4}~10^{-2}Hz、振幅为 0.005V 的条件下测得的。

（4）超级电容器能量密度与功率密度的计算：根据 GCD 测试，能量密度和功率密度分别根据式（3-3）和式（3-4）计算：

$$E = \frac{1}{2} C\Delta V^2 \tag{3-3}$$

$$P = \frac{E}{\Delta t} \tag{3-4}$$

式中，E 为能量密度，W·h/cm^2；P 为功率密度，W/cm^2；Δt 为放电时间，s；ΔV 为电压范围，V。

3.3 实验结果与讨论

3.3.1 复合材料的 SEM 及 TEM 分析

制备过程如图 3-1 所示，首先，中空球 ZnO 通过原位生长策略固定在活化的碳布纤维上。如图 3-2（a）所示，中空球 ZnO 均匀覆盖在每个碳布纤维的表面。观察破碎的中空球 ZnO 的 SEM 图（见图 3-2（a）插图）和 TEM 图（见图 3-2（b）），可确定中空结构的存在，且每个 ZnO 中空球的直径小于 1mm，壳厚度为 100~200nm。如图 3-2（b）插图所示，HRTEM 图证明中空球 ZnO 呈现有序

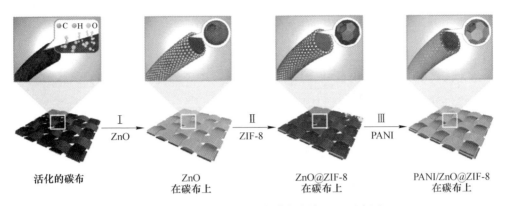

图 3-1　PANI/ZnO@ZIF-8 复合物制备过程示意图

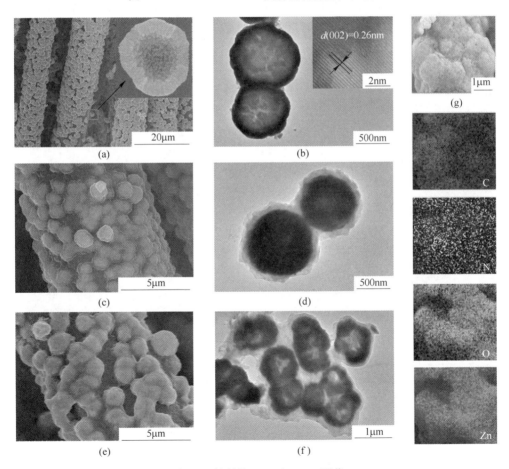

图 3-2　材料的 SEM 和 TEM 图像

（a）（b）ZnO-CC，插图为相应的 HRTEM 图；（c）（d）ZnO@ZIF-8-CC；

（e）（f）PANI/ZnO@ZIF-8-CC；（g）PANI/ZnO@ZIF-8 的元素分布图

的晶格条纹，条纹间隙约为 0.26nm，对应六方纤锌矿晶体结构 ZnO 的（002）晶面[167]。其次，以 ZnO 作为金属源，2-甲基咪唑作为有机配体，通过溶剂热方法合成中空核壳结构的 ZnO@ZIF-8-CC。如图 3-2（c）所示，ZIF-8 壳是由许多个纳米级的 ZIF-8 晶体组成的。以 ZnO 为核、ZIF-8 为壳组装的核壳结构具有可调控的壳厚度。控制反应时间由 6h 延长到 48h，通过 TEM 监测 ZIF-8 壳厚度的变化。如图 3-3 所示，反应时间为 6h 时，ZIF-8 壳初步形成，其厚度约为 25nm；当反应时间延长到 12h 时，ZIF-8 壳的厚度约为 60nm；反应时间为 24h 时，ZIF-8 壳的厚度为 100nm；再延长反应时间到 48h，ZIF-8 壳的厚度为 150nm。

通过 TEM 图进一步证明核壳结构的存在，对比 TEM 图中深浅色图形可以确定中空核壳结构的形成（见图 3-2（d））。最后，通过电沉积的方法使苯胺聚合成聚苯胺（PANI），PANI 包覆在 ZnO@ZIF-8 的内表面和外表面（PANI/ZnO@ZIF-8-CC），形成均一的 PANI 纳米涂层（见图 3-2（e））。如图 3-2（f）所示，TEM 图片再次证明无定型的 PANI 成功地负载在中空核壳 ZnO@ZIF-8 的表面。更重要的是，在三步反应后碳布纤维被 PANI/ZnO@ZIF-8 完全包覆，且中空核壳结构仍被完好保存。利用能量色散光谱分析（energy-dispersive spectroscopy，EDS）对 PANI/ZnO@ZIF-8-CC 进行元素分布测试，证明 C、N、O、Zn 元素存在于 PANI/ZnO@ZIF-8-CC 中并均匀分布（图 3-2（g））。

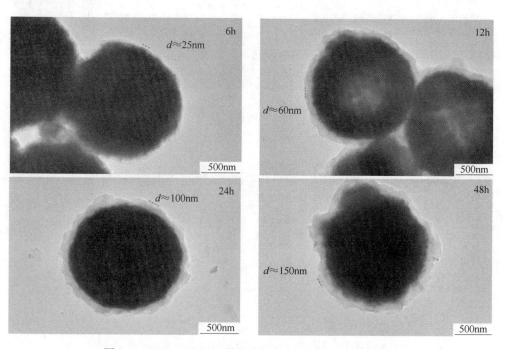

图 3-3   ZnO@ZIF-8-CC 样品在不同反应时间下的 TEM 图

3.3.2 复合材料的 PXRD 分析

图 3-4 分别给出每步反应后复合物的 XRD 谱图及模拟的 XRD 谱图, 对比后发现最终所制备的 PANI/ZnO@ZIF-8-CC 复合物具有导电基底碳布 (CC)、中空球 ZnO、ZIF-8 的特征峰 (由于 PANI 成无定型状态, 在 XRD 谱图中无明显特征峰), 证明 CC、ZnO、ZIF-8、PANI 四者完好的复合, 并且在电沉积 PANI 后, ZnO@ZIF-8 没有被破坏。

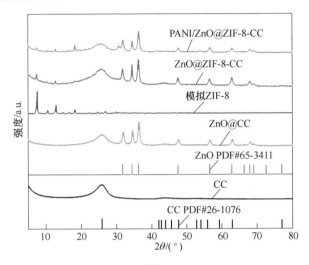

图 3-4 单晶数据模拟的和实验制备的 CC、ZnO-CC、ZnO@ZIF-8-CC
和 PANI/ZnO@ZIF-8-CC 的 XRD 谱图

3.3.3 复合材料的 FT-IR 分析

为了研究 PANI 与 ZnO@ZIF-8-CC 的复合情况, 对 PANI、ZnO@ZIF-8 和 PANI/ZnO@ZIF-8 进行红外光谱 (FT-IR) 分析。如图 3-5 所示, 对于 PANI 而言, PANI 的主要特征峰位于 1557cm^{-1} 和 1494cm^{-1}, 可以归属于苯环上的 C=C 伸缩振动; 位于 1299cm^{-1} 的特征峰对应于 C—N 或 C—N$^+$ 的伸缩振动; 位于 811cm^{-1} 的特征峰归属于 C—H 的面外弯曲振动。对于 ZnO@ZIF-8 而言, 位于 419cm^{-1} 和 1583cm^{-1} 的红外特征峰分别归属于 Zn—N 和 C—N 的伸缩振动; 位于 753cm^{-1}、1145cm^{-1}、1307cm^{-1}、1459cm^{-1} 的红外特征峰对应于咪唑环的特征吸收峰。对于 PANI/ZnO@ZIF-8 而言, PANI/ZnO@ZIF-8 的 FT-IR 谱图展示出 PANI 和 ZnO@ZIF-8 的红外特征峰, 但是 PANI 的特征峰 811cm^{-1}、1299cm^{-1}、1494cm^{-1}、1557cm^{-1} 向高波数移动到 817cm^{-1}、1308cm^{-1}、1508cm^{-1}、1569cm^{-1}, 表明 PANI 存在于 PANI/ZnO@ZIF-8 中, 且 PANI 和 ZnO@ZIF-8 之间存在相互作用。

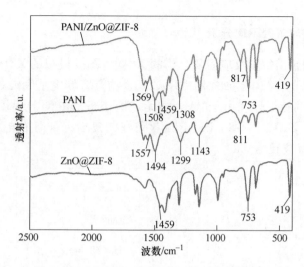

图 3-5   ZnO@ZIF-8、PANI 和 PANI/ZnO@ZIF-8 的 FT-IR 谱图

3.3.4   复合材料的浸润性分析

通过接触角测试对材料的浸润性进行分析，如图 3-6 所示，ZnO@ZIF-8-CC 展示出 135.3°的接触角，表明 ZnO@ZIF-8-CC 是疏水型材料。PANI/ZnO@ZIF-8-CC 展示出一个较小的 32.9°的接触角，表明其具有亲水的性质。PANI/ZnO@ZIF-8-CC 的亲水官能团包括氨基（—NH—）和季铵盐（N^+）。

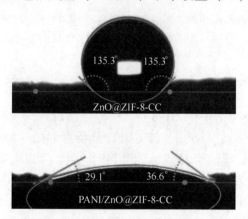

图 3-6   ZnO@ZIF-8-CC 和 PANI/ZnO@ZIF-8-CC 的接触角测试图像

3.3.5   复合材料的 XPS 分析

通过光电子能谱（X-ray photoelectron spectroscopy，XPS）对每步复合后产物的组成和电子状态进行分析，图 3-7 为 ZnO@ZIF-8-CC、PANI-CC、PANI/ZnO@ZIF-8-CC 的 XPS 全谱图，表明 ZnO@ZIF-8-CC 中存在 C、N、O、Zn 元素，

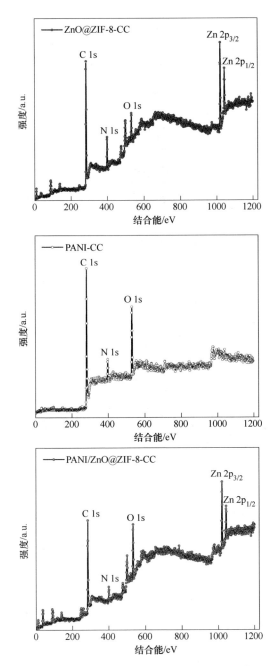

图 3-7 ZnO@ZIF-8-CC、PANI-CC、PANI/ZnO@ZIF-8-CC 的 XPS 全扫描谱图

PANI-CC 中存在 C、N、O 元素，PANI/ZnO@ZIF-8-CC 中存在 C、N、O、Zn 元素，此结果与 EDS 元素分布测试结果一致。

通过高斯拟合方法，将 ZnO@ZIF-8-CC、PANI-CC、PANI/ZnO@ZIF-8-CC 的 N

1s 高分辨 XPS 谱图（见图 3-8）分峰拟合成不同的电子态，包括醌型胺(—N =)，

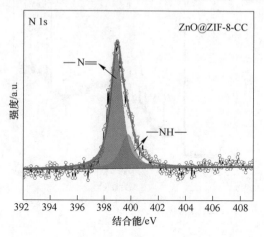

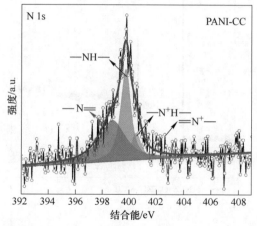

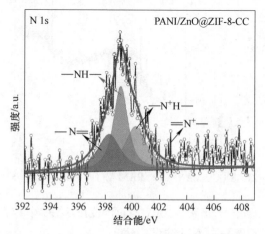

图 3-8 彩图

图 3-8 ZnO@ZIF-8-CC、PANI-CC、PANI/ZnO@ZIF-8-CC 的 N 1s 高分辨谱图

结合能居于 398.7eV；苯环型胺（—NH—），结合能居于 399.7eV；带正电荷的亚胺（—N⁺H—）和质子化的胺（＝N⁺—），结合能分别居于 400.4eV 和 402.8eV[168]。PANI 的质子化是由于其在聚合过程中发生了氧化而引起的。

值得注意的是，观察 PANI/ZnO@ZIF-8-CC 的 N 1s 高分辨 XPS 谱图，可发现 ZnO@ZIF-8 和 PANI 界面间的电子云发生偏移，这可能是由于大量 N 化合价升高引起的。这些结果表明，PANI 与 ZnO@ZIF-8 之间存在相互作用，产生了大量的自由基阳离子，有助于提高 PANI/ZnO@ZIF-8-CC 的导电性。

对比 ZnO@ZIF-8-CC 和 PANI/ZnO@ZIF-8-CC 中—NH—在 N 总数中占的比率（通过分峰拟合后获得的各个峰的面积计算），如图 3-9 所示，ZnO@ZIF-8-CC 中—NH—/N 的比值为 27.4%，PANI/ZnO@ZIF-8-CC 中—NH—/N 的比值为 40.15%，表明 PANI 固有的还原态。计算 PANI 与 PANI/ZnO@ZIF-8-CC 中 N⁺（带正电荷的亚胺与质子化的胺总数）占 N 总数的比例，PANI 中 N⁺所占比例为 11.48%，PANI/ZnO@ZIF-8-CC 中 N⁺所占比例为 31.91%，通过对比可知 PANI/ZnO@ZIF-8-CC 中 N⁺所占比例呈上升趋势，表明质子化水平升高。这个结果与 EDS 和 FT-IR 测试结果相一致。

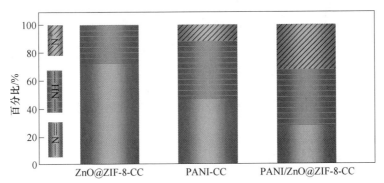

图 3-9　ZnO@ZIF-8-CC、PANI-CC、PANI/ZnO@ZIF-8-CC
中—N＝、—NH—、N⁺的柱状分布图

3.3.6　复合材料的比表面积及孔径分析

对 ZnO@ZIF-8-CC 和 PANI/ZnO@ZIF-8-CC 在 77K 条件下进行氮气吸附-脱附测试，ZnO@ZIF-8-CC 的 BET 比表面积为 136.8m²/g，孔体积为 0.104cm³/g；PANI/ZnO@ZIF-8-CC 的 BET 比表面积为 185.6m²/g，孔体积为 0.116cm³/g。通过对比发现，PANI/ZnO@ZIF-8-CC 的 BET 比表面积和孔体积显著降低（见图 3-10）。更确切地说，ZnO@ZIF-8-CC 中微孔的 BET 比表面积所占比例为 74.4%，PANI/ZnO@ZIF-8-CC 中微孔的 BET 比表面积所占比例为 58.6%，对比发现复合 PANI 后微孔的 BET 比表面积所占比例明显降低。ZnO@ZIF-8-CC 中微孔体积所

占比例为 46.6%，PANI/ZnO@ ZIF-8-CC 中微孔体积所占比例为 32.4%，对比发现复合 PANI 后微孔体积所占比例减小。与 ZnO@ ZIF-8-CC 对比，PANI/ZnO@ ZIF-8-CC 展示了更低的比表面积，因为引入了介孔，通常随着孔径的增大，其比表面积降低。此外，由于 PANI 与 ZnO@ ZIF-8 紧密连接，致使牺牲掉部分面内微孔，导致比表面积减小。这个结果表明，不但插入的 PANI 链没有堵塞 ZnO@ ZIF-8-CC 的内部空腔，而且还贡献了额外的介孔[169]。

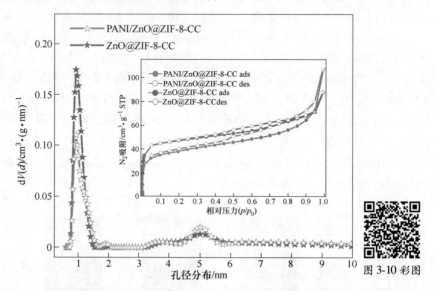

图 3-10　ZnO@ ZIF-8-CC 和 PANI/ZnO@ ZIF-8-CC 的氮气吸附-脱附等温线及孔径分布图

3.3.7　电极的电化学性能研究

PANI/ZnO@ ZIF-8-CC 具有良好的导电性、较大的电解质可接触面积、很好的机械柔性等特征，使其成为理想的柔性电极材料，可应用于柔性储能系统等领域。特别是自支撑的特征，PANI/ZnO@ ZIF-8-CC 可直接作为超级电容器的电极使用，无需再添加任何黏结剂与导电剂。

通过探究最佳 ZIF-8 壳厚度和最合适的 PANI 负载量来优化 PANI/ZnO@ ZIF-8-CC 的电化学性能。首先，通过控制反应时间来调控 ZIF-8 的壳厚度，将不同反应时间下获得的 ZnO@ ZIF-8-CC 作为工作电极，进行循环伏安测试。图 3-11（a）展示出不同反应时间（6h、12h、24h、48h）下 ZnO@ ZIF-8-CC 的 CV 曲线，经对比发现反应时间为 24h 时的 ZnO@ ZIF-8-CC 的 CV 曲线包围的封闭面积最大。然后根据式（3-1）计算 6h、12h、24h、48h 反应时间下 ZnO@ ZIF-8-CC 的面积比电容，分别为 134.9mF/cm²、231.4mF/cm²、325.0mF/cm²、212.2mF/cm²（见图 3-11（b）），反应时间为 24h 时获得的 ZnO@ ZIF-8-CC 展示出最大的面积比电

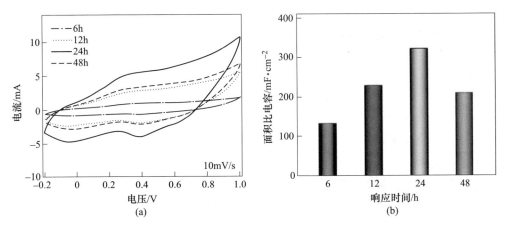

图 3-11　不同反应时间的 ZnO@ ZIF-8-CC 电极在 10mV/s 扫描速度下的
CV 曲线（a）和面积比电容柱状图（b）

容。因此可确定制备 ZIF-8 壳的最佳反应时间为 24h，其所对应的 ZIF-8 壳厚度为 100nm。因此，在电聚合苯胺制备聚苯胺的过程中选用 ZnO@ ZIF-8-CC（ZIF-8 壳厚度为 100nm）作为主体。

　　如图 3-12 所示，在使用循环伏安法电沉积聚苯胺的过程中，显示出两对氧化还原峰 O_1/R_1 和 O_2/R_2，归属于 PANI 在半导体状态（leucoemeraldine form）与导电状态（polaronicemeraldine form）之间转换发生的典型的氧化还原反应。电聚合过程中的 CV 曲线是高度对称且可逆的，表明获得的 PANI 最有高度的氧化还原性。

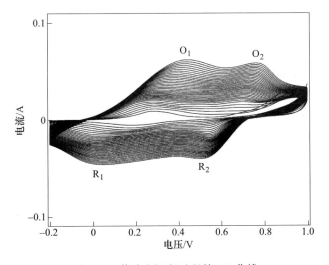

图 3-12　苯胺电沉积过程的 CV 曲线

　　其次，在使用循环伏安法电沉积聚苯胺的过程中，通过控制循环伏安的扫描圈数来控制 PANI 的负载量。将不同循环伏安扫描圈数（40 圈、60 圈、80 圈、100 圈、120 圈）下制备的 PANI/ZnO@ ZIF-8-CC 作为工作电极，使用三电极法，以 3mol/L KCl 为电解液，对其进行循环伏安测试。在不同扫描速度下的 CV 曲线如图 3-13 （a）~（e）所示，PANI(80)/ZnO@ ZIF-8-CC 与其他样品比较，在同一

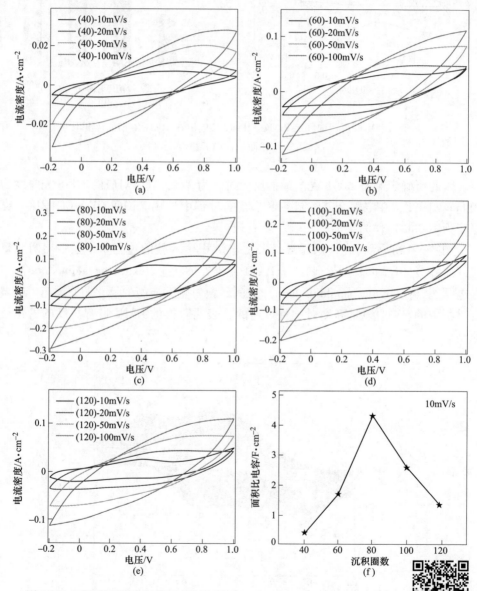

图 3-13　不同循环伏安扫描圈数制备的 PANI/ZnO@ ZIF-8 电极在不同扫描速度下的 CV 曲线（（a）~（e））和在 10mV/s 扫描速度下的面积比电容（f）

图 3-13 彩图

扫描速度下展现出最大的电流响应值及最大的 CV 曲线封闭面积。根据式（3-1）计算各个样品在 10mV/s 扫描速度下的面积比电容，PANI（40）/ZnO@ZIF-8-CC 为 0.39F/cm²，PANI（60）/ZnO@ZIF-8-CC 为 1.70F/cm²，PANI（80）/ZnO@ZIF-8-CC 为 4.37F/cm²，PANI（100）/ZnO@ZIF-8-CC 为 2.60F/cm²，PANI（120）/ZnO@ZIF-8-CC 为 1.34F/cm²，如图 3-13（f）所示。通过对比发现，电沉积圈数为 80 圈时制备的 PANI（80）/ZnO@ZIF-8-CC 具有最佳的 PANI 负载量，展示了最高的面积比电容，因此选择 PANI（80）/ZnO@ZIF-8-CC 作为优化的电极材料，探究 PANI/ZnO@ZIF-8-CC 的电化学性能。

通常，PANI（80）/ZnO@ZIF-8-CC 的面积负载量约为 6.7mg/cm²，其中 ZnO/ZIF-8/PANI 的质量比约为 5:3:2。PANI（80）/ZnO@ZIF-8-CC 作为超级电容器电极材料的电化学性能的探究，是在三电极体系下，以 3mol/L KCl 为电解液、铂片为对电极、银-氯化银电极为参比电极进行测试的。作为对比进行了平行实验，在相同测试环境、相同扫描速度下，以活化后的空白碳布（CC）、ZnO-CC、PANI（80）、PANI（80）/ZnO-CC、ZnO@ZIF-8-CC、PANI（80）/ZnO@ZIF-8-CC 为工作电极，在 10mV/s 扫描速度下，进行循环伏安测试。如图 3-14 所示，PANI（80）/ZnO@ZIF-8-CC 展现出镜像的电流响应并呈现出氧化还原峰，表明 PANI（80）/ZnO@ZIF-8-CC 电极中既存在双电层电容又存在赝电容[170]。与其他 5 个电极相比较，同一扫描速度下，PANI（80）/ZnO@ZIF-8-CC 的 CV 曲线包围的封闭面积最大，并且展示出更高的氧化还原峰电流强度，说明复合后大大提高了面积比电容，且具有更快的氧化还原反应动力学过程。

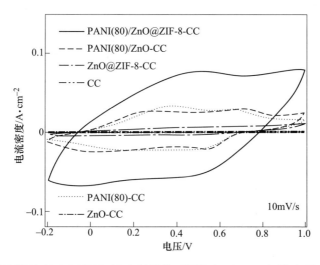

图 3-14 PANI（80）/ZnO@ZIF-8-CC 电极及其对照物在 10mV/s 扫描速度下的 CV 曲线

根据式（3-1）计算 6 个电极在 10mV/s 扫描速度下的面积比电容，活化后的空白碳布（CC）和 ZnO-CC 的面积比电容几乎可以忽略，ZnO@ ZIF-8-CC 的面积比电容为 325.6mF/cm²(质量比电容为 61.4F/g)，PANI(80)-CC 的面积比电容为 1470mF/cm²（质量比电容为 810.1F/g)，PANI(80)/ZnO@ ZIF-8-CC 的面积比电容为 4370mF/cm²(质量比电容为 652.2F/g)。值得注意的是，尽管 PANI(80)/ZnO@ ZIF-8-CC 展现出较 PANI(80)-CC 稍微低的质量比电容，但是 PANI(80)/ZnO@ ZIF-8-CC 的面积比电容至少是 PANI(80)-CC 的 3 倍。比电容的提高可以归因于 ZnO、ZIF-8、PANI 三组分间的协同效应，ZnO@ ZIF-8 具有较高的比表面积和多孔性，引起双电层电容的提高，其次 PANI 又贡献了赝电容。PANI(80)/ZnO@ ZIF-8-CC 的面积比电容是 PANI-ZIF-67-CC（2146mF/cm²，10mV/s）的 204%倍[165]。

对 PANI(80)/ZnO@ ZIF-8-CC 电极进行不同扫描速度下的循环伏安测试，随着扫描速度的增加，CV 曲线的响应电流呈线性增加，表明其具有良好的电化学可逆性，如图 3-15 (a) 所示[171]。根据式 (3-1) 计算在不同扫描速度下的面积比电容，随着扫描速度的增大其面积比电容分别为 4370mF/cm²、3850mF/cm²、2745mF/cm² 和 1922mF/cm²，如图 3-15 (b) 所示。

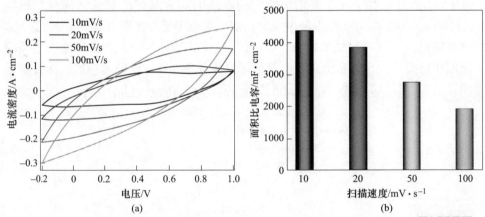

图 3-15　PANI(80)/ZnO@ ZIF-8-CC 电极在不同扫描速度下的
CV 曲线 (a) 和面积比电容柱状图 (b)

图 3-15 彩图

另外，对 PANI(80)/ZnO@ ZIF-8-CC 电极进行在不同电流密度（5~30mA/cm²）下的恒电流充放电测试。如图 3-16 所示，PANI(80)/ZnO@ ZIF-8-CC 的 GCD 曲线与理想的等腰三角形比较发生了轻微扭转，这是由 PANI 提供了赝电容贡献引起的[172]。根据式 (3-2) 计算不同电流密度下的面积比电容，在 5mA/cm² 电流密度下，PANI(80)/ZnO@ ZIF-8-CC 的面积比电容为 4839mF/cm²。据调查，PANI(80)/ZnO@ ZIF-8-CC 在 5mA/cm² 的电流密度下获得的面积比电容（4839mF/cm²）是目前 MOFs 基电极材料在相似测试条件下获得的最大面积比电容。特别值得注意的是，当电流密度增加到 30mA/cm² 时，PANI(80)/ZnO@ ZIF-8-CC 的面积比电容仍然高达 3987mF/cm²，电流密度扩大 6 倍后的电容保留率为 82.4%。因此，进一步证明了 PANI(80)/ZnO@ ZIF-8-CC 具有很好的倍率性能。

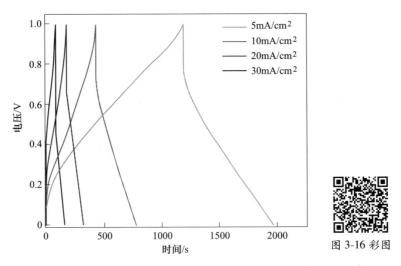

图 3-16 彩图

图 3-16　PANI(80)/ZnO@ ZIF-8-CC 电极在不同电流密度下的 GCD 曲线

为了探究 ZIF-8 壳层的作用，进行了对比实验，在相同测试条件下对 PANI(80)/ZnO-CC 和 PANI(80)-CC 进行恒电流充放电测试。不同电流密度下的面积比电容如图 3-17 所示，在 5mA/cm² 的电流密度下，PANI(80)/ZnO-CC 和

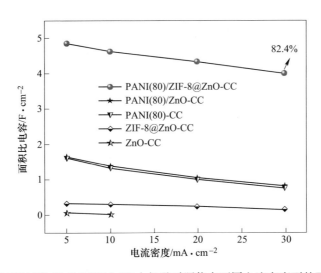

图 3-17　PANI(80)/ZnO@ ZIF-8-CC 电极及对照物在不同电流密度下的面积比电容

PANI(80)-CC 的面积比电容分别为 1658mF/cm² 和 1630mF/cm²。随着电流密度从 5mA/cm² 增加到 30mA/cm²，PANI(80)/ZnO-CC 和 PANI(80)-CC 的电容保留率分别为 48.4% 和 46.0%，远低于 PANI(80)/ZnO@ZIF-8-CC 的 82.4%。由于亲水性的 PANI 链插入 ZnO@ZIF-8 的孔洞中，增强了电解液的浸润性，进一步减少了电极材料中"死料"的比例[173]。

通过电化学交流阻抗（EIS）测试进一步调查 ZnO-CC、ZnO@ZIF-8-CC、PANI(80)/ZnO-CC、PANI(80)/ZnO@ZIF-8-CC 电极的导电性能，EIS 测试结果如图 3-18 所示。Nyquist 图在低频区展示出一条直线，在高频区展示出一个宽的半圆，分别对应电极反应的反应物或生成物的扩散控制和电荷转移动力学控制区域。图 3-18 插图中展示了电极的等效电路图，R_s 代表电解液阻抗，R_{ct} 代表电荷转移阻抗，W 代表 Waburg 阻抗，C_{dl} 代表电化学双电层电容（EDLC），C_{ps} 代表法拉第赝电容。低频区的斜线对应 Waburg 阻抗，与离子从电解液中转移到电极表面有关。ZnO@ZIF-8-CC 的等效串联内阻为 6.92Ω，PANI(80)/ZnO@ZIF-8-CC 的等效串联内阻为 1.22Ω，复合 PANI 后等效串联内阻大大减小，证明这种独特的核壳异质结构能促进电解质中的离子和电子的扩散与传输且导电的 PANI 能增强复合物整体的导电性。此外，在 Nyquist 图的低频区，PANI(80)/ZnO@ZIF-8-CC 展现出一条几乎与虚轴平行的直线，进一步证明其具有理想的电容行为[173]。

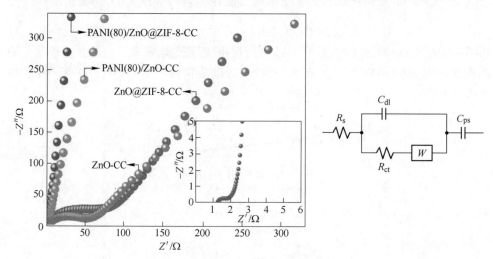

图 3-18   PANI(80)/ZnO@ZIF-8-CC 电极及其对照物的 Nyquist 图及等效电路图

3.3.8 器件的电化学性能研究

目前，可穿戴智能电子器件被广泛需求[174]，因此，以 PANI(80)/ZnO@ZIF-8-CC 为电极、PVA/KCl 为凝胶电解质，组装成"三明治"结构的对称型柔性超级电容器，组装原理图以及实际组装的柔性超级电容器的光学照片如图 3-19 所示。

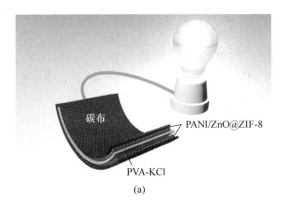
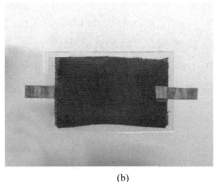

(a)   (b)

图 3-19　PANI(80)/ZnO@ZIF-8-CC 组装的柔性超级电容器的
原理图（a）和光学照片（b）

对 PANI(80)/ZnO@ZIF-8-CC 电极组装的柔性超级电容器器件进行循环伏安测试，不同扫描速度下的 CV 曲线如图 3-20 所示。扫描速度从 1mV/s 增加到 50mV/s，该柔性器件的 CV 曲线呈现类矩形并具有较大的封闭面积，说明该器件具有较大的面积比电容。

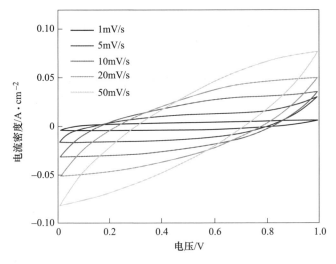

图 3-20 彩图

图 3-20　PANI(80)/ZnO@ZIF-8-CC 组装的柔性超级
电容器在不同扫描速度下的 CV 曲线

对 PANI(80)/ZnO@ZIF-8-CC 电极组装的柔性超级电容器器件进行恒电流充放电测试，不同电流密度下的 GCD 曲线如图 3-21 所示。电流密度从 $0.5mA/cm^2$ 增加到 $5mA/cm^2$，GCD 曲线呈现扭转的等腰三角形，这可能是使用了 PVA/KCl 凝胶电解质的原因。根据式（3-2）计算该柔性器件的面积比电容和体积比电容，在 0.5~5mA/cm^2 电流范围内，该柔性器件的面积比电容为 226.9~147.5mF/cm^2，对应的体积比电容为 986.5~641.3mF/cm^3。并根据式（3-3）和式（3-4）计算了该柔性器件的能量密度和功率密度，该柔性器件的能量密度为 0.0315~0.0205mW·h/cm^2（体积能量密度为 0.137~0.089mW·h/cm^3），对应的功率密度为 0.327~5.435W/cm^2（体积功率密度为 1.421~23.629mW/cm^3）。

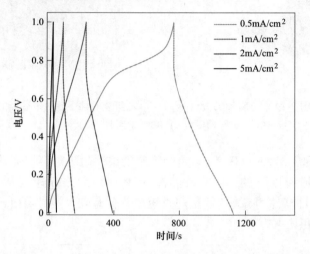

图 3-21 彩图

图 3-21 PANI(80)/ZnO@ZIF-8-CC 组装的柔性超级电容器
在不同电流密度下的 GCD 曲线

循环稳定性是器件在实际应用中的重要参数，因此对 PANI(80)/ZnO@ZIF-8-CC 组装的柔性超级电容器器件进行恒电流充放电循环测试。如图 3-22 所示，

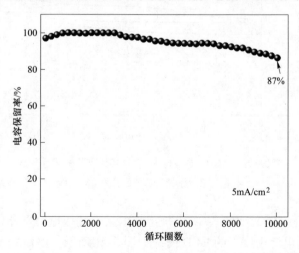

图 3-22 PANI(80)/ZnO@ZIF-8-CC 组装的柔性超级电容器在
5mA/cm^2 电流密度下循环 10000 次的电容保留率

电流密度为 $5mA/cm^2$，循环 10000 次后电容保留率仍保持 87%，表明该器件具有超长的循环寿命。

更重要的是，PANI(80)/ZnO@ZIF-8-CC 具有的这种独特的核壳异质结构在长期的恒电流充放电测试后仍能够很好地保持，如图 3-23 和图 3-24 所示。

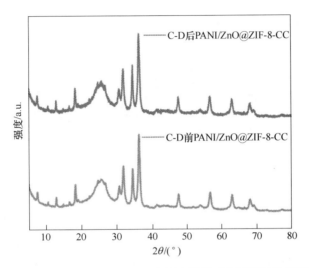

图 3-23 PANI(80)/ZnO@ZIF-8-CC 电极在循环寿命测试后的 PXRD 谱图

图 3-24 PANI(80)/ZnO@ZIF-8-CC 电极在循环稳定性测试后的微观形貌

(a) SEM 图；(b) TEM 图

机械稳定性是器件在实际应用中的另一个重要参数，通过循环伏安法测试该器件在不同机械弯折角度下的 CV 曲线。图 3-25 展示了该器件在 0°、90°、180° 弯折角度下的 CV 曲线，观察可发现不同弯折角度的 CV 曲线没有明显的变化，表明该器件能够在不同弯折角度维持稳定的电能输出。

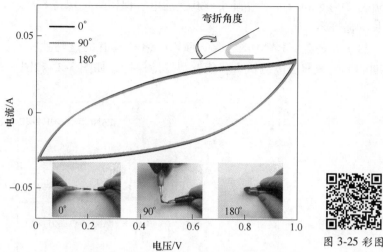

图 3-25 彩图

图 3-25　PANI(80)/ZnO@ZIF-8-CC 组装的柔性超级电容器在不同弯折角度下的 CV 曲线

　　进一步探索该柔性器件在实际应用中的潜能，对单独一个器件、多个串联或并联的器件进行恒电流充放电测试。如图 3-26 所示，对比单独一个器件、三个串联的器件、三个并联的器件在 1mA/cm² 电流密度下的 GCD 曲线，发现三者的 GCD 曲线均呈现稍微扭转的等腰三角形。三个串联的器件展示出 3.0V 的输出电压，是单独一个器件输出电压的 3 倍，而充放电时间与单独一个器件充放电时间几乎相同。三个并联的器件展示出 1.0V 的输出电压，与单独一个器件输出电压相同，但充放电时间几乎是单独一个器件充放电时间的 3 倍。这些实验结果表明

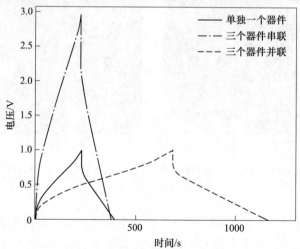

图 3-26　单独一个 PANI(80)/ZnO@ZIF-8-CC 组装的柔性超级电容器、
三个串联和并联器件的 GCD 曲线

该柔性全固态超级电容器器件在实际应用中几乎没有电化学性能衰退的现象。

鼓舞人心的是，串联的三个器件能成功点亮一个红色 LED 灯阵列，并能运转一个迷你风扇（见图 3-27）。这些结果表明，MOFs 基超级电容器在柔性可穿戴电子器件中具有潜能。

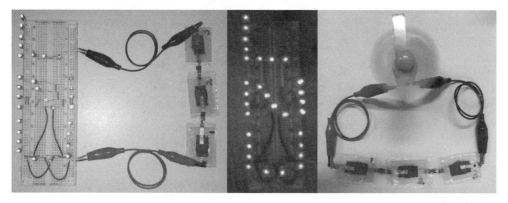

图 3-27　三个串联的 PANI(80)/ZnO@ZIF-8-CC 组装的柔性超级电容器点亮一个红色 LED 灯点阵及运转迷你风扇的光学照片

图 3-27 彩图

3.4　本　章　小　结

在本章中，采用简单而有效的策略包括"原位生长—刻蚀—包覆"过程制备了中空核壳异质结构的 PANI/ZnO@ZIF-8-CC 电极。第一步，中空球 ZnO 通过原位生长路径锚定在柔性导电基底上（ZnO-CC）；第二步，中空球 ZnO 作为牺牲模板并提供金属源（Zn^{2+}），2-甲基咪唑作为配体，在溶剂热反应过程中，2-甲基咪唑刻蚀中空球 ZnO 生成中空核壳结构的 ZnO@ZIF-8-CC；第三步，以 ZnO@ZIF-8-CC 为工作电极，通过电沉积方法在 ZnO@ZIF-8-CC 表面缠绕 PANI，形成柔性导电多孔电极（PANI/ZnO@ZIF-8-CC）。这种独特的结构、活性材料原位生长在导电基底上以及各组分间的协同效应赋予了 PANI/ZnO@ZIF-8-CC 极好的机械稳定性、卓越的导电性。因此其作为超级电容器电极材料展现出超高的面积比电容（$4839mF/cm^2$，$5mA/cm^2$）、极好的倍率性能和循环稳定性。

总之，PANI/ZnO@ZIF-8-CC 展示的超高的超级电容器性能得益于这种理性设计的核壳异质结构及独特的复合组分（见图 3-28）。更详细地说，PANI/ZnO@ZIF-8-CC 电极显著的电化学性能可归因于以下几点：（1）中空球 ZnO 与导电基底的紧密连接显著地减小了接触电阻，并且能够提供高导电路径促进离子和电子的运输；（2）这种独特的中空核壳异质结构包含了充足的孔隙（包括中空球 ZnO 的空腔、多孔的 ZIF-8 壳、PANI 链间的叠加空隙），能够有效适应电极材料

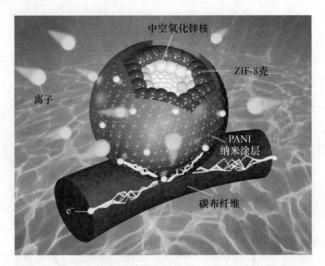

图 3-28　PANI(80)/ZnO@ ZIF-8-CC 电极中电子传输示意图

在反复充放电过程中引起的体积变化，有效抑制了电极结构的坍塌和快速的电容衰减；（3）ZnO@ ZIF-8 与 PANI 间的协同效应提高了电容量并且改善了导电性。更具体地说，ZnO@ ZIF-8 的高比表面积和多孔性能够提供丰富的吸附位点以及极多的微孔（孔尺寸约 1nm）能够吸附更多的电解质离子，因此能够提供更高的EDLC 电容。此外，PANI 具有极好的导电性和亲水性，有利于改善离子的扩散系数，并且 PANI 能够提供额外的赝电容。

　　本章提供的这种方法适用于发展高电容量、强机械耐久性的超级电容器，为丰富 MOFs 基电极材料在柔性能源转换与存储器件中的应用提供了新的机遇。

4 MOF 衍生的多孔碳/CoO 复合材料的制备及其电容性能研究

4.1 引　言

随着可穿戴电子器件的快速发展，柔性超级电容器作为新兴的能源存储器件得到广泛关注[175]。然而，较低的能量密度限制了其在实际中的应用。为了进一步满足高能量、高柔性的能源存储需求，人们迫切需求发展具有超高能量密度且具有极好机械稳定性的不对称柔性全固态超级电容器[176]。为了提高能量密度，通常采用赝电容电极材料，例如过渡金属氧化物作为电极材料，因为过渡金属氧化物较容易大规模制备并且具有高的理论比电容[177]。CoO 作为一种低氧化态的钴化合物，已经被成功应用于电极材料，其理论比电容高达 4292F/g[178]。然而，在探索 CoO 基电极材料电容性能过程中发现，由于暴露于空气中的 CoO 容易被氧化成 Co_3O_4，以及固有的差的导电性、不充足的活性表面积、容易自团聚等缺点，阻碍其性能的发挥，导致其具有较低的电容保留率和较差的循环稳定性[179]。然而，TMOs 通常以粉末形式存在，因此极易发生团聚，导致电解液中的离子可接近的比表面积明显减小，大大降低了 TMOs 电极的电化学利用率，导致这些电极材料的比电容要远远低于理论值[180]。

目前，改善 TMOs 导电性最有效的策略之一是合理地设计和合成具有独特形貌的 TMOs，能够具有更好的结构稳定性并缓解体积膨胀，例如纳米线阵列结构[181]。特别是，将纳米线阵列直接与导电基底连接，能够有效抑制电极材料的机械脱落，并能优化活性材料与基底的连接，促进电荷载体的传输。而且，这种原位生长方法能够摆脱黏结剂和导电添加剂等"死料"的使用。黏结剂和导电添加剂可能阻塞活性位点，还可能使电极的柔韧性降低。为了极大限度地提高电极上活性材料的利用率，将活性物质原位生长在集流体上成了最佳选择。将金属氧化物有效地生长在金属基底上，不仅可有效地降低电极内阻，而且合成过程可控性高，对超级电容器电极材料的制备具有重大的研究意义和实际应用价值。

许多研究致力于解决上述问题并提高电容性能。将过渡金属氧化物与碳材料结合被认为是增强电化学性能的有效方法。然而，它们之间较差的兼容性阻碍其性能的进一步优化。而且活性组分当经受长时间充放电循环时会发生结构坍塌，限制其在实际中的应用[182]。为了满足高性能且耐用的不对称超级电容器的需求，开发新的技术和新的电极材料是科研工作者面临的极其重要且紧迫的任务。

　　金属有机骨架材料（metal-organic frameworks，MOFs），是一类迷人的固态晶体材料，由于 MOFs 具有可调控的微观结构和性质，被认为是理想的电极材料[183]。值得注意的是，MOFs 已经被证实可以作为牺牲模板制备碳材料、金属氧化物等其他杂化材料[184]。众所周知，MOFs 的衍生物用作电极材料在改善电容性能方面展现出很多优势，例如（1）多级孔结构；（2）大的比表面积；（3）表面具有多的可接触活性位点；（4）杂原子掺杂或官能团修饰[185]。

　　因此，急切需求设计一个先进的策略，兼具核-壳纳米线阵列结构与多层级孔结构的 CoO 和 MOFs 复合物，且直接与导电基底连接。本章中设计了一个可控的"原位生长-刻蚀-煅烧"过程，用于制备原位生长在泡沫镍上的核-壳异质结构的 MOFs 衍生的碳@CoO 复合材料（NF@CoO@Co/N-C）。这种核壳异质结构由纳米线阵列组装的六角花瓣状 CoO 核和 MOF-衍生的 Co-和 N-共掺杂碳壳组成。同时系统地调查原位生成纳米线阵列组装的六角花瓣状 CoO 的生长机理。NF@CoO@Co/N-C 作为先进的无黏结剂电极用于不对称柔性全固态超级电容器展现出很好的电化学性能。由于稳定的结构设计以及各组分间的协同效应，优化的 NF@CoO@Co/N-C 电极展现出超高的面积比电容 $4.24F/cm^2$（电流密度为 $2mA/cm^2$）、极好的倍率性能（95.7%）和循环稳定性 96%（在 $10mA/cm^2$ 电流密度下循环 10000 次）。

4.2　实　验　部　分

4.2.1　实验原料

　　实验原料名称、纯度及生产厂家见表 4-1。

表 4-1　实验原料名称、纯度及生产厂家

原料名称	纯度	生产厂家
硝酸钴（$Co(NO_3)_2 \cdot 6H_2O$）	分析纯	国药集团化学试剂有限公司
氟化氨（NH_4F）	分析纯	上海阿拉丁生化科技有限公司
尿素（$CO(NH_2)_2$）	分析纯	国药集团化学试剂有限公司
2-甲基咪唑（2-MeIM）	分析纯	上海麦克林生化科技有限公司
N，N-二甲基甲酰胺（DMF）	分析纯	国药集团化学试剂有限公司
无水乙醇（C_2H_5OH）	分析纯	天津永大化学试剂有限公司
去离子水	—	自制
泡沫镍（NF）	—	山西力之源电池材料有限公司
聚乙烯醇（PVA）	分析纯	上海麦克林生化科技有限公司
氢氧化钾（KOH）	分析纯	上海麦克林生化科技有限公司

4.2.2 实验仪器

实验仪器名称、型号及生产厂家见表4-2。

表 4-2 实验仪器名称、型号及生产厂家

仪器名称	仪器型号	生产厂家
X 射线粉末衍射仪	D8ADVANCE	德国 Bruker 公司
冷场发射扫描电子显微镜	SU8010	日本日立
傅里叶变换红外光谱	Nicolet 5DX	美国 Nicolet 公司
透射电子显微镜	JEM-2100	日本电子
拉曼光谱仪	inVia	英国 Renishaw 公司
气体吸附仪	ASiQ-C	美国 Quantachrome 公司
电化学工作站	CHI660E	上海辰华仪器有限公司
视频光学接触角测试仪	SDA 100	德国 Kruss 公司
X 射线光电子能谱分析仪	PHI Quantum 2000 Spectrometer	日本 Ulvac-Phi 公司
铂片电极	—	天津艾达恒晟科技发展有限公司

4.2.3 NF@CoO 的制备

首先，使用切片机将购买来的泡沫镍裁剪成直径为1cm的圆片或边长为1cm的正方形，依次用丙酮、乙醇、去离子水超声30min，然后在100℃干燥箱中烘干，称其质量待用。

将硝酸钴（15mg，0.05mmol）、尿素（18mg，0.3mmol）、氟化铵（7.41mg，0.2mmol）添加到2mL去离子水中混合均匀，将上述洗净的泡沫镍浸渍到混合溶液中；然后一并转移到10mL的聚四氟乙烯反应釜中，密封后转移到预先加热到100℃的鼓风干燥箱中，持续加热10h。然后，自然冷却至室温，样品用去离子水冲洗数次，在真空干燥箱中烘干后，转移至瓷舟中。将装有样品的瓷舟放入可程序控温的管式炉中，先通氩气1h排除管式炉内的空气，再以4℃/min的加热速度升温至350℃，在 Ar 气氛中持续加热1h，然后以5℃/min的降温速度将炉内温度降至室温。得到淡粉色的泡沫镍样品称量质量后待用，将其命名为 NF@CoO。

4.2.4 NF@CoO@ZIF-67 复合材料的制备

将 2-甲基咪唑（0.82g，10mmol）加入到10mL的小玻璃瓶中，加入5mL的 H_2O 和无水乙醇的混合溶液，H_2O 和无水乙醇的体积比为 1:1。将小瓶内的混合溶液超声30min后，将第一步反应制得的 NF@CoO 样品浸渍到混合均匀的溶液中，盖上瓶盖，室温静置 24h 后，用无水乙醇冲洗数次。再在 80℃真空干燥箱中干燥 12h，得到深紫色的泡沫镍样品，干燥后的样品称量质量后待用，将其命名为 NF@CoO@ZIF-67。

4.2.5　NF@CoO@Co/N-C 复合材料的制备

将第二步反应制得的 NF@CoO@ZIF-67 样品放入瓷舟中，然后转移到可程序升温的管式炉中，通氩气 1h 排除管式炉内的空气。再以 4℃/min 的加热速度，从室温升温至 350℃，在 Ar 气氛中保持 350℃持续加热 3h，然后再以 4℃/min 的加热速度继续升温至 500℃，在 Ar 气氛中保持 500℃再持续加热 2h。然后以 5℃/min 的降温速度降温至室温，得到黑色的泡沫镍样品，称其质量后待用，将其命名为 NF@CoO@Co/N-C。

4.2.6　不对称型柔性超级电容器的组装

PVA/KOH 凝胶电解质的制备：将 2g PVA 粉末和 1g KOH 加入到 10mL 去离子水中，在 80℃条件下，激烈搅拌直至澄清透明，温度降至 30℃待用。

首先，将电极浸渍到 PVA/KOH 凝胶电解质中 20min，待电极充分渗透电解质后，将电极放置在室温通风处冷凝固化。

最后，取一片 NF@CoO@Co/N-C 电极和一片与之匹配的活性炭（AC）电极组装成不对称全固态超级电容器（NF@CoO@Co/N-C//PVA/KOH//AC）。最后，用 PET 薄膜或铝箔封装组装好的不对称全固态超级电容器。

4.2.7　样品的基础表征方法

（1）扫描电子显微镜（SEM）：同 3.2.7 节 SEM 部分所述。

（2）透射电子显微镜（TEM）：同 2.2.6 节 TEM 部分所述。

（3）X 射线粉末衍射（PXRD）：同 2.2.6 节 PXRD 部分所述。

（4）拉曼光谱（Raman spectra）：同 2.2.6 节拉曼光谱部分所述。

（5）X 射线光电子能谱（XPS）：同 3.2.7 节 XPS 部分所述。

（6）氮气吸附-脱附等温线：同 2.2.6 节氮气吸附测试部分所述。

4.2.8　电化学测试与计算

本章所有的电化学测试都是在室温下使用上海华辰的 CHI660E 电化学工作站进行的。首先，在三电极系统中探究电极的电化学性能，选用 6mol/L KOH 水溶液为电解液，银-氯化银电极作为参比电极，铂片电极作为对电极。然后，将电极组装成全固态超级电容器器件，再在两电极系统下探究其电化学性能。

4.2.8.1　循环伏安测试与比电容的计算

循环伏安（cyclic voltammetry，CV）测试，电极的 CV 曲线是在工作电压窗口为 0~0.5V、扫描速度为 2~20mV/s 条件下进行的；器件的 CV 曲线是在工作电压窗口为 0~1.5V、扫描速度为 5~200mV/s 条件下进行的。

根据 CV 测试，质量比电容可以根据公式（4-1）计算：

$$C = \frac{1}{vS(V_b - V_a)} \int_{V_a}^{V_b} IdV \qquad (4-1)$$

式中，C 为面积比电容，F/cm^2；S 为每个工作电极的面积，cm^2；v 为扫描速度，V/s；V_a、V_b 分别为最高和最低工作电压，V；I 为即时电流，A。

4.2.8.2 恒电流充放电测试

恒电流充放电（galvanostatic charge-diacharge，GCD）测试，电极的 GCD 曲线是在工作电压窗口为 0~0.45V、电流密度为 2~20mA/cm² 条件下测得的。器件的 GCD 曲线是在工作电压窗口为 0~1.4V、电流密度为 6~30mA/cm² 条件下测得的。

根据 GCD 测试，比电容可根据式（4-2）和式（4-3）计算：

$$C_m = \frac{I\Delta t}{m\Delta V} \qquad (4-2)$$

$$C_s = \frac{I\Delta t}{S\Delta V} \qquad (4-3)$$

式中，C_m 为质量比电容，F/g；C_s 为面积比电容，F/cm^2；m 为每个工作电极的质量，g；S 为每个工作电极的面积，cm^2；Δt 为放电时间，s；ΔV 为电压范围，V；I 为即时电流，A。

4.2.8.3 交流阻抗测试

交流阻抗（EIS）测试是在开路电压为 -0.02V、频率范围为 $10^{-2}~10^4$Hz、振幅为 0.005V 条件下测得的。

4.2.8.4 电容贡献率的计算

由 CV 曲线所得数据，根据公式（4-4）计算该过程为扩散控制还是电容控制过程：

$$i = av^b \qquad (4-4)$$

式中，i 为峰电流，A；v 为扫描速度，mV/s；a、b 为可调参数。

b 值通常在 0.5~1 之间，$b=0.5$ 表明其为扩散控制电荷存储机制；$b=1$ 表明其为表面电容控制过程。

电容贡献率可根据公式（4-5）计算：

$$i = k_1 v + k_2 v^{1/2} \qquad (4-5)$$

式中，i 为电流，A；k_1 和 k_2 为电势函数。$k_1 v$ 和 $k_2 v^{1/2}$ 分别代表给定电压下的表面电容和扩散控制电容。

4.2.8.5 NF@CoO@Co/N-C//PVA/KOH//AC 器件的电荷平衡

为了使不对称超级电容器器件获得最好的和最稳定的电化学性能，需使负极与正极存储的电容量相等，根据公式（4-6）计算：

$$Q_- = Q_+ \tag{4-6}$$

式中，Q_- 为负极存储的电量；Q_+ 为正极存储的电量。

电容量与面积比电容的关系，可用公式（4-7）表示：

$$Q = C_s \Delta V S \tag{4-7}$$

式中，Q 为电量，C；C_s 为面积比电容，F/cm^2；ΔV 为电压范围，V；S 为每个工作电极的面积，cm^2。

结合式（4-6）和式（4-7），负极与正极的面积比电容的关系为：

$$\frac{C_{s,-}}{C_{s,+}} = \frac{S_+ \ \Delta V_+}{S_- \ \Delta V_-} \tag{4-8}$$

本章中，每个工作电极的面积为 $0.785cm^2$，$\Delta V_- = 1.0V$，$\Delta V_+ = 0.45V$，根据式（4-8），AC 电极与 NF@CoO@Co/N-C 电极的面积比电容的比值为 0.45，所以，AC 电极的面积比电容应该调整为 $1.91F/cm^2$，以平衡 NF@CoO@Co/N-C 电极的面积比电容 $4.24F/cm^2$。

4.2.8.6 超级电容器的能量密度与功率密度的计算

根据 GCD 曲线，器件的能量密度和功率密度分别根据式（4-9）和式（4-10）计算：

$$E = \frac{1}{2} C \Delta V^2 \tag{4-9}$$

$$P = \frac{\Delta V^2}{4 R_{ES} I} \tag{4-10}$$

式中，E 为能量密度，$W \cdot h/cm^2$；C 为面积比电容，F/cm^2；ΔV 为电压范围，V；P 为功率密度，W/cm^2；R_{ES} 是器件的等效串联内阻，Ω；I 为电流，A。

4.3　实验结果与讨论

4.3.1　复合材料的 SEM 及 TEM 分析

NF@CoO@Co/N-C 的制备过程如图 4-1 所示。首先，通过水热生长过程，在洁净的泡沫镍导电基底上原位生长纳米线组装的六角花瓣状 CoO（NF@CoO）。如图 4-2 所示，反应结束后空白泡沫镍由银色变成淡粉色，证明有新物质在泡沫镍基底上生成。在此，泡沫镍用作导电基底，能够提高复合材料的导电性。SEM 图显示，六角花瓣状 CoO 锚定并均匀覆盖在泡沫镍导电基底上，并且每朵花状 CoO 由六瓣花瓣构成，如图 4-3（a）~（c）所示。放大倍数的 SEM 图（见图 4-3（d））和 TEM 图（见图 4-3（e））清晰地展示出六角花瓣状 CoO 的每个花瓣是由纳米线阵列组成的。

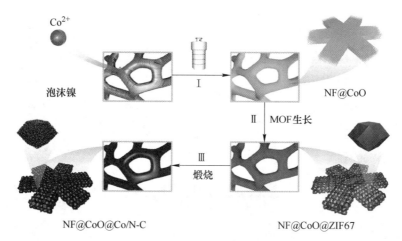

图 4-1 NF@CoO@Co/N-C 的制备过程示意图

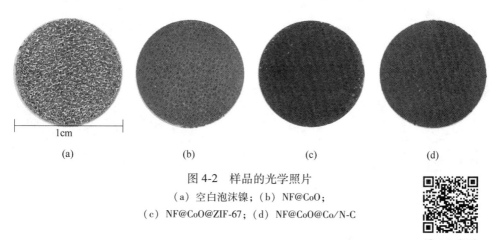

图 4-2 样品的光学照片

（a）空白泡沫镍；（b）NF@CoO；

（c）NF@CoO@ZIF-67；（d）NF@CoO@Co/N-C

图 4-2 彩图

  然后，以纳米线阵列组成的六角花瓣状 CoO 作为金属源提供 Co^{2+} 并且作为骨架，在 2-甲基咪唑配体的刻蚀下生长出核壳结构的 NF@CoO@ZIF-67。反应结束后，泡沫镍由淡粉色转变成深紫色。SEM 图（见图 4-3（f））和 TEM 图（见图 4-3（g））显示每一条 CoO 纳米线都被 ZIF-67 均匀包覆，且每个 ZIF-67 粒子展现出具有光滑表面的菱形十二面体结构。第二步反应后，NF@CoO@ZIF-67 仍然保持着纳米线阵列组成的花状结构，表明 CoO 的结构没有被破坏。

  最后，以 NF@CoO@ZIF-67 作为前驱体经过高温热解过程制备 NF@CoO@Co/N-C，高温热解后泡沫镍由深紫色转变成黑色。NF@CoO@Co/N-C 保持了 NF@CoO@ZIF-67 的形貌，但高温热解后的 ZIF-67 粒子展现出具有粗糙表面的菱形十二面体结构，如图 4-3（h）所示。高分辨 TEM 图呈现出明显不同的无定型石墨化碳和晶态的 CoO 区域，在菱形十二面体区域清晰地呈现出间距为 0.21nm 的晶格条纹对应于石墨的（101）晶面，间距为 0.245nm 晶格条纹对应于面心立方晶

图 4-3   样品的 SEM 和 TEM 图

（a）~（e）NF@CoO；（f）（g）NF@CoO@ZIF-67；
（h）（i）NF@CoO@Co/N-C；（j）NF@CoO@Co/N-C 的元素分布图

图 4-3 彩图

系 CoO 的（111）晶面[186]。间距为 0.202nm 晶格条纹对应于 CoO 的（111）晶面，表明金属钴纳米粒子存在于 N-掺杂的石墨化碳结构中，如图 4-3（i）所示。利用能谱（energy-dispersive spectroscopy，EDS）对 NF@CoO@Co/N-C 进行元素分布分析，证明 NF@CoO@Co/N-C 由 Co、O、C、N 4 种元素组成，如图 4-3（j）所示。EDS 图显示 Co、O、C、N 元素的含量百分比分别为 41.8%、31.48%、11.86%、14.87%（见图 4-4 和表 4-3）。

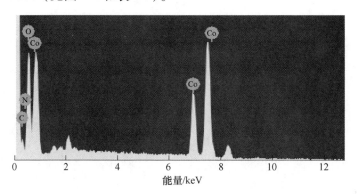

图 4-4 NF@CoO@Co/N-C 的能谱图

表 4-3 NF@CoO@Co/N-C 元素含量

元 素	质量分数/%	原子数分数/%
C K	14.87	26.00
N K	11.86	17.78
O K	31.48	41.33
Co K	41.80	14.90
合计	100.00	

4.3.2 纳米线阵列组装的六角花瓣状 CoO 的形成机理分析

为了解释纳米线阵列组装的六角花瓣状 CoO 的形成过程，通过 SEM 监测不同反应时间下 CoO 的形貌变化。在刚开始反应 10min 时，最初形成的 Co(OH)F 晶核开始与相邻的晶体碰撞，然后沿着特定方向聚集，如图 4-5（a）所示。在 100℃加热反应 1h 后，不规则的扇形 Co(OH)F 开始形成，如图 4-5（b）所示。随着反应时间延长到 5h，扇形 Co(OH)F 逐渐被刻蚀成，形成纳米线阵列组装的锯齿状纳米刷状 Co(OH)F，如图 4-5（c）所示。当反应延长到 10h，可清晰观察到形成整齐的纳米线阵列组装的六角花瓣状 Co(OH)F 如图 4-5（d）所示，再经高温煅烧转换成纳米线阵列组装的六角花瓣状 CoO。形成机理可描述为反应方程式（4-11）~式（4-16）：

$$Co(NO_3)_2 \longrightarrow Co^{2+} + 2NO_3^- \tag{4-11}$$

$$NH_4F \longrightarrow NH_4^+ + F^- \tag{4-12}$$

$$CO(NH_2)_2 + 3H_2O \longrightarrow 2NH_4^+ + CO_2 + 2OH^- \tag{4-13}$$

$$Co^{2+} + F^- \longrightarrow CoF^+ \tag{4-14}$$

$$CoF^+ + OH^- \longrightarrow Co(OH)F \tag{4-15}$$

$$Co(OH)F \longrightarrow CoO + HF \uparrow \tag{4-16}$$

图 4-5 CoO 制备过程中不同反应时间的 SEM 图
(a) 10min; (b) 1h; (c) 5h; (d) 10h

4.3.3 复合材料的 PXRD 分析

为了进一步确认生成物的结构和相组成，进行了 PXRD 测试。三步反应复合后的 PXRD 谱图如图 4-6（a）所示。图中位于 $2\theta = 44.5°$ 和 $51.8°$ 的衍射峰分别归属于泡沫镍导电基底 Ni（PDF#04-0850）的（111）和（200）晶面所对应的特征衍射峰。纳米线阵列组装的六角花瓣状 CoO 在 $2\theta = 36.5°$、$42.4°$、$61.5°$ 位置的衍射峰，可分别归属于面心立方结构 CoO（PDF#43-1004）的（111）、（200）、（220）晶面所对应的特征衍射峰，证明在第一步反应中，在泡沫镍基底上成功复合了 CoO。ZIF-67 包覆 CoO 后，ZIF-67 相的特征峰与 CoO 的特征峰同时显现在 PXRD 谱图中，而且 CoO 的衍射峰强度变低，这是由 ZIF-67 覆盖在

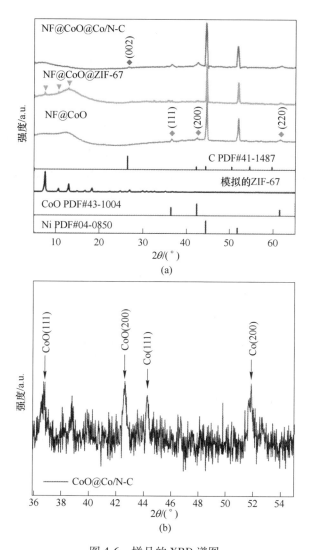

图 4-6 样品的 XRD 谱图

（a）单晶数据模拟的 Ni、CoO、ZIF-67 和实验制备的 NF@CoO、NF@CoO@ZIF-67、
NF@CoO@Co/N-C 的 PXRD 谱图；（b）无泡沫镍基底的 CoO@Co/C-N 样品的放大 PXRD 谱图

CoO 表面引起的，表明成功制得核壳结构的 NF@CoO@ZIF-67。经碳化后，NF@
CoO@Co/N-C 显示出面心立方结构 CoO 的特征衍射峰。然而，没有明显地观察到
碳的特征衍射峰，这是因为无定型碳的衍射峰为较弱的宽峰。

无泡沫镍基底的 CoO@Co/N-C 样品的放大 PXRD 谱图如图 4-6（b）所示，
位于 $2\theta = 44.2°$ 和 $51.5°$ 的衍射峰可分别归属于 Co（PDF#15-0906）的（111）
和（200）晶面所对应的特征衍射峰。所示 PXRD 谱图证明经过三个反应阶段，成功制备了 NF@CoO、NF@CoO@ZIF-67、NF@CoO@Co/N-C 三个样品。

4.3.4 复合材料的拉曼光谱分析

对 NF@CoO@Co/N-C 样品进行拉曼光谱测试，拉曼谱图如图 4-7 所示。NF@CoO@Co/N-C 在约 468cm^{-1}、约 510cm^{-1}、约 672cm^{-1} 处展示出散射峰，分别对应于面心立方 CoO 的 E_g、F_{2g}、A_{1g} 振动模式，因此证明 CoO 的存在。而位于约 1338cm^{-1} 和约 1598cm^{-1} 的散射峰分别归属于碳原子晶体的 D 峰和 G 峰。D 峰代表碳原子的晶格缺陷，G 峰代表碳原子 sp^2 杂化的面内伸缩振动。I_G/I_D 的比值用来描述 D 峰和 G 峰强度的关系，I_G/I_D 的比值取决于石墨化材料的类型，其反映材料的石墨化程度。NF@CoO@Co/N-C 样品中，I_G/I_D 的比值约为 1.08，表明 NF@CoO@Co/N-C 样品具有较高的石墨化程度。

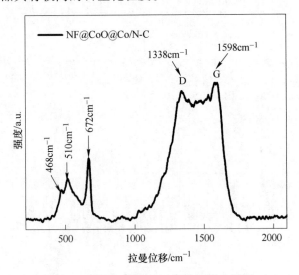

图 4-7   NF@CoO@Co/N-C 的拉曼光谱图

4.3.5 复合材料的 XPS 谱图分析

使用 X 射线光电子能谱（XPS）检测 NF@CoO@Co/N-C 样品的表面组成及电子状态，NF@CoO@Co/N-C 的 XPS 谱图如图 4-8 所示。NF@CoO@Co/N-C 的 XPS 全扫描谱图显示出 C 1s、N 1s、O 1s、Co 2p 特征峰，表明 NF@CoO@CoO/N-C 中除去导电基底泡沫镍，只存在 C、N、O、Co 这 4 种元素，此测试结果与 EDS 元素分布测试结果一致。

Co 2p 的高分辨 XPS 谱图如图 4-9 所示。使用高斯拟合方法，将 Co 2p 的高分辨 XPS 谱图分峰拟合成不同电子态的特征峰，结合能分别为 780.5eV、795.5eV 的 Co 2p$_{2/3}$ 和 Co 2p$_{1/2}$ 自旋轨道峰及两个位于 785.5eV 和 802.8eV 的伴

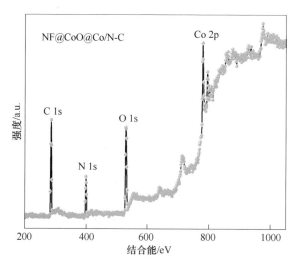

图 4-8 NF@CoO@CoO/N-C 的 XPS 全扫描谱图

峰，表明 Co 元素以高自旋二价态存在[187]。结合能位于 778.9/793.9eV 的小峰归属于单质钴[181]。

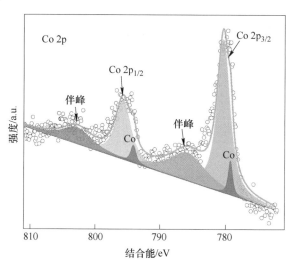

图 4-9 NF@CoO@CoO/N-C 的 Co 2p 高分辨 XPS 谱图

O 1s 的高分辨 XPS 谱图如图 4-10 所示。使用高斯拟合方法，将 O 1s 的高分辨 XPS 谱图分峰拟合成两种电子态的特征峰，一个位于高结合能 531.4eV 处的特征峰是由 NF@CoO@CoO/N-C 表面的化学吸附氧引起的；另一个位于相对较低结合能 529.8eV 处的特征峰归因于晶格氧，再一次证明 CoO 的存在。

C 1s 的高分辨 XPS 谱图如图 4-11 所示。使用高斯拟合方法，将 C 1s 的高分

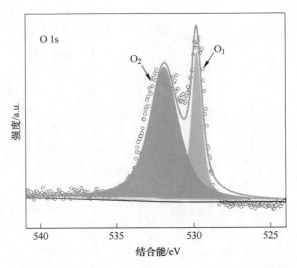

图 4-10 NF@CoO@CoO/N-C 的 O 1s 高分辨 XPS 谱图

辨 XPS 谱图分峰拟合成 5 种电子态的特征峰，随着结合能的增大分别为 sp^2 C、sp^3 C、C—N、C=O、O—C=O。通过拟合的峰面积计算出 sp^2-杂化的碳占 61%，sp^3-杂化的碳占 39%。这个结果表明 NF@CoO@CoO/N-C 中所含的碳是高度石墨化的，此测试结果与拉曼测试结果相一致。

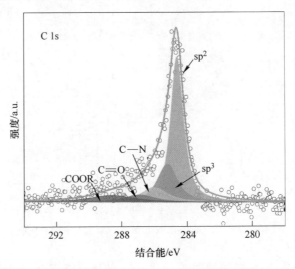

图 4-11 NF@CoO@CoO/N-C 的 C 1s 高分辨 XPS 谱图

N 1s 的高分辨 XPS 谱图如图 4-12 所示。使用高斯拟合方法，将 N 1s 的高分辨 XPS 谱图分峰拟合成 3 种电子态的特征峰，结合能分别为 398.4eV、399.9eV、401.4eV 的吡啶型氮（pyridinic-N）、吡咯型氮（pyrrolic-N）、石墨型氮

（graphitic-N），所占比例分别为 44.82%、40.14%、15.04%。C—N 键的存在进一步证明 2-甲基咪唑配体衍生的 N-掺杂于石墨化的碳网络。N 1s 的高分辨 XPS 结果证明 NF@CoO@Co-/N-C 存在 N-掺杂的石墨碳结构[188]。吡啶型氮和石墨型氮由于具有大的偶极矩，因此可以增强 NF@CoO@CoO/N-C 的润湿性并能够减小电荷转移阻抗，有利于改善高电流密度下的电容行为。特别是在碱性溶液中，吡啶型氮和吡咯型氮能够提供更高的电化学活性和赝电容。上述 XPS 测试结果证明 NF@CoO@ZIF-67 已经成功转化成 Co-、N-共掺杂的碳矩阵封装的 NF@CoO[189]。

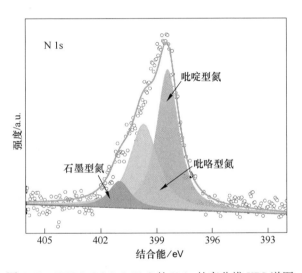

图 4-12　NF@CoO@CoO/N-C 的 N 1s 的高分辨 XPS 谱图

4.3.6　复合材料的比表面积及孔结构分析

通过氮气吸附实验对样品的比表面积和孔结构进行分析，样品 NF@CoO、NF@CoO@ZIF-67、NF@CoO@CoO/N-C 在 77K 下的氮气吸附-脱附等温线及孔径分布如图 4-13 所示。NF@CoO@ZIF-67 样品展现了高的 BET 比表面积（520.7m²/g），远远高于其对应氧化物 NF@CoO 的比表面积（27.9m²/g）。而且，NF@CoO@ZIF-67 样品的 N_2 吸附曲线和孔径分布图显示其存在多级孔结构，包括 ZIF-67 的微孔、NF@CoO 的介孔和大孔。NF@CoO@CoO/N-C 的 N_2 吸附曲线展示出 393.7m²/g 的高比表面积，其孔尺寸分布图显示多级孔结构，包括狭窄的微孔（约 0.9nm）和相对宽的介孔（2~15nm）。NF@CoO@CoO/N-C 样品具有显著的多孔性和较高的比表面积，这些特点在高性能超级电容器应用中具有优势。

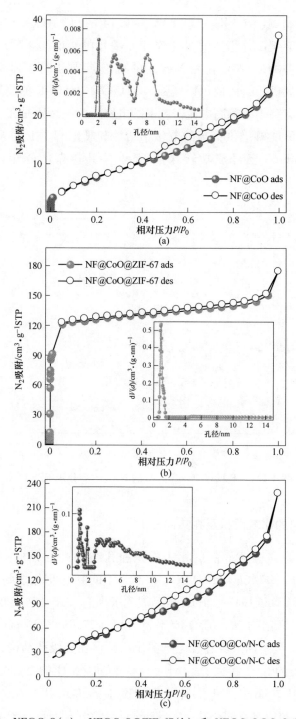

图 4-13　NF@CoO(a)，NF@CoO@ZIF-67(b) 和 NF@CoO@CoO/N-C(c)
的氮气吸附-脱附等温线及孔径分布图

4.3.7 电极的电化学性能研究

NF@CoO@CoO/N-C 是由 MOF-衍生的多孔的 Co/N-共掺杂碳壳（Co/N-C）封装纳米线阵列自组装的六角花瓣状 CoO 构成的核-壳异质结构复合材料。这种独特的结构促使我们进一步探究 NF@CoO@CoO/N-C 作为无黏结剂电极在超级电容器中的应用。将 NF@CoO、NF@CoO@ZIF-67、NF@CoO@CoO/N-C 作为工作电极，探究其电容性能。这些电极的电化学性能是在三电极系统中，以银-氯化银作为参比电极、铂片作为对电极、6mol/L KOH 水溶液作为电解液进行测试的。

首先，对 NF@CoO、NF@CoO@ZIF-67、NF@CoO@CoO/N-C 电极进行循环伏安（CV）测试，在 6mV/s 扫描速度下，CV 曲线如图 4-14 所示。三个样品的 CV 曲线均展现出氧化还原峰，这主要是由 CoO 在 KOH 水溶液中发生快速可逆的法拉第氧化还原反应引起的。这种可逆的法拉第氧化还原反应过程可以表述为：

$$CoO + OH^- \rightleftharpoons CoOOH + e^-$$

$$CoOOH + OH^- \rightleftharpoons CoO_2 + H_2O + e^-$$

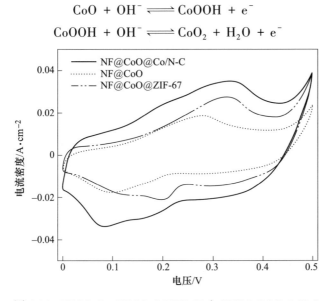

图 4-14 NF@CoO、NF@CoO@ZIF-67 和 NF@CoO@CoO/N-C 电极在扫描速度为 6mV/s 时的 CV 曲线

通过对比 NF@CoO、NF@CoO@ZIF-67、NF@CoO@CoO/N-C 的 CV 曲线，发现 NF@CoO@CoO/N-C 较 NF@CoO@ZIF-67 和 NF@CoO 展示了更大的 CV 曲线包围的封闭面积以及更高的氧化还原峰响应电流值，证明 NF@CoO@CoO/N-C 具有更大的电容值。表明显著提高了比电容，加快了氧化还原反应动力学过程，这主要是由于 NF@CoO@CoO/N-C 具有 Co 和 N-共掺杂多孔碳壳改善其导电性和润湿性。

对 NF@CoO@CoO/N-C 电极进行循环伏安（CV）测试，响应电流强度随着扫描速度的增加（2~20mV/s）呈线性增加，表明 NF@CoO@CoO/N-C 电极具有良好的可逆循环性，如图 4-15 所示。

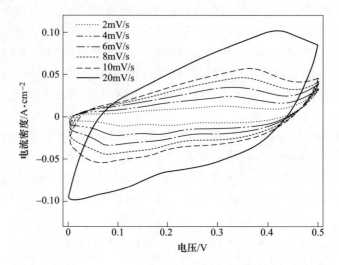

图 4-15　NF@CoO@CoO/N-C 电极在不同扫描速度下的 CV 曲线

通过循环伏安测试，探究 NF@CoO@CoO/N-C 电极在 KOH 电解液中进行的法拉第氧化还原反应是表面-控制过程还是扩散-控制过程。根据 NF@CoO@CoO/N-C 电极在不同扫描速度下的 CV 曲线，对峰电流关系进行分析。如图 4-16 所示，在所有扫描速度下，阳极峰电流值与扫描速度呈线性关系，表明 NF@CoO@

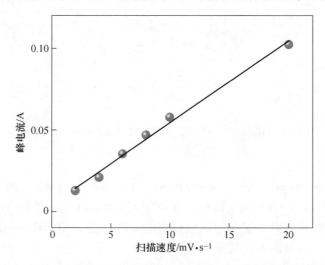

图 4-16　NF@CoO@CoO/N-C 电极的阳极峰电流与扫描速度的关系图

CoO/N-C 电极在 KOH 水系电解液中进行的法拉第氧化还原反应是表面-控制过程[190]。

对 NF@CoO、NF@CoO@ZIF-67、NF@CoO@CoO/N-C 电极进行不同电流密度下的恒电流充放电（GCD）测试，探究其电容性能，对应的 GCD 曲线如图 4-17 所示。根据式（4-3）分别计算三个电极在不同电流密度下的面积比电容，当电流密度为 2mA/cm² 时，NF@CoO、NF@CoO@ZIF-67、NF@CoO@CoO/N-C 的面积比电容分别为 2.20F/cm²、3.11F/cm²、4.24F/cm²。当电流密度增加到 20mA/cm² 时，NF@CoO、NF@CoO@ZIF-67、NF@CoO@CoO/N-C 的面积比电容分别为 1.12F/cm²、2.25F/cm²、4.06F/cm²。

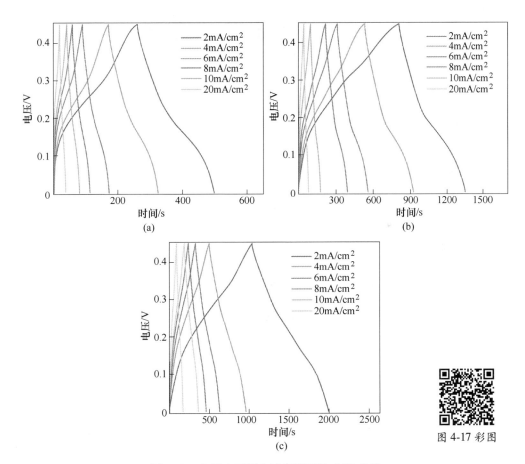

图 4-17　电极在不同电流密度下的 GCD 曲线
（a）NF@CoO；（b）NF@CoO@ZIF-67；（c）NF@CoO@CoO/N-C

根据 GCD 曲线，计算 NF@CoO、NF@CoO@ZIF-67、NF@CoO@CoO/N-C 电极在电流密度由 2mA/cm² 增大到 20mA/cm² 时的电容保留率，结果如图 4-18 所

示。NF@CoO、NF@CoO@ZIF-67、NF@CoO@CoO/N-C 电极的电容保留率分别为 50.9%、72.3%、94.5%。NF@CoO@CoO/N-C 电极在三个样品中展示了最高的电容保留率，这可归因于 CoO/N-C 壳作为保护层有效避免了 CoO 的溶解和体积膨胀。

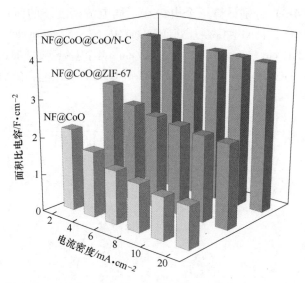

图 4-18 NF@CoO、NF@CoO@ZIF-67、NF@CoO@CoO/N-C
电极在不同电流密度下的面积比电容

通过对比，NF@CoO@CoO/N-C 电极的电化学性能远远优于之前报道的氧化钴基电极材料在相同的 KOH 水系电解液中的电化学性能（见表 4-4)[191-200]。

表 4-4 对比 NF@CoO@CoO/N-C 与报道的 CoO 基电极的比电容和倍率性能

电极	电流密度/扫描速度	电解液	电容	倍率性能
CoO[191]	0.5A/g	1mol/L KOH	600F/g	0.5～16A/g（32 倍）69.3%
Co_3O_4@CoO@carbon[192]	1A/g	1mol/L KOH	324F/g	1～10A/g（10 倍）63.9%
Co_3O_4@CoO[193]	0.2A/g	6mol/L KOH	362.8F/g	0.2～4A/g（20 倍）78.7%
Co_3O_4@CoO@Co@C[194]	2A/g	1mol/L KOH	370F/g	1～40mV/s（40 倍）64%
CoO/Co_9S_8@CN[195]	0.5A/g	6mol/L KOH	303.3F/g	0.5～5A/g（10 倍）70.0%
$CoCO_3$@CoO[196]	1A/g	1mol/L KOH	0.77F/cm²	0.2～10A/g（50 倍）82.0%
CoO nanowall[197]	1A/g	6mol/L KOH	352F/cm²	1～20A/g（20 倍）72.7%
CoO@MnO_2[198]	2mA/cm²	6mol/L KOH	2.40F/cm²	2～20mA/cm²（10 倍）57.5%
C/CoO-200[199]	0.5A/g	2mol/L KOH	207F/g	0.5～10A/g（20 倍）79.6%
CoO@MnO_2 NNAs[200]	2mA/cm²	6mol/L KOH	3.03F/cm²	2～20mA/cm²（20 倍）46.9%

续表 4-4

电极	电流密度/扫描速度	电解液	电容	倍率性能
NF@CoO[①]	2mA/cm²	6mol/L KOH	2.20F/cm²	2~20mA/cm²（10 倍）50.9%
NF@CoO@ZIF-67[①]	2mA/cm²	6mol/L KOH	3.11F/cm²	2~20mA/cm²（10 倍）72.3%
NF@CoO@CoO/N-C[①]	2mA/cm²	6mol/L KOH	4.24F/cm² 1665.0F/g	2~20mA/cm²（10 倍）94.5%

① 本章工作。

为了进一步研究 Co/N-C 的合并对电极动力学的促进作用，实施了电化学交流阻抗（EIS）测试。如图 4-19 所示，Nyquist 图在低频区展示出一条直线，在高频区展示出一个宽的半圆，分别对应电极反应的反应物或生成物的扩散控制和电荷转移动力学控制区域。图 4-19 中的插图展示了电极的等效电路图，R_s 为电解液阻抗，R_{ct} 为电荷转移阻抗，W 为 Waburg 阻抗，C_{dl} 为电化学双电层电容（EDLC）。低频区的斜线对应 Waburg 阻抗，与离子从电解液中转移到电极表面有关。在所有样品中，NF@CoO@CoO/N-C 具有最大的倾斜角度，表明 NF@CoO@CoO/N-C 具有最小的 Waburg 阻抗。NF@CoO 的等效串联内阻为 0.73Ω，NF@CoO@ZIF-67 的等效串联内阻为 1.42Ω，NF@CoO@CoO/N-C 的等效串联内阻为 0.62Ω，NF@CoO@CoO/N-C 具有最小的等效串联内阻，证明 CoO/N-C 能够增加其导电性和离子扩散系数。此外，NF@CoO@CoO/N-C 在低频区展示出几乎与虚轴平行的直线，进一步证明其具有理想的电容行为。这个结果证明 NF@CoO@CoO/N-C 的复合结构能够增强导电性、提高电化学性能。

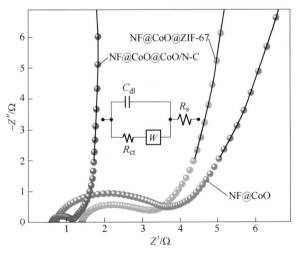

图 4-19　NF@CoO、NF@CoO@ZIF-67 和 NF@CoO@CoO/N-C 电极的 Nyquist 图及等效电路图

为了更好地解释电荷转移过程，根据式 (4-4) $i = av^b$，对 NF@CoO@CoO/N-C 电极进行动力学分析。当 $b = 0.5$ 时，表明其为扩散控制电荷存储机制；当 $b = 1$ 时，表明其为表面电容控制过程。如图 4-20 所示，拟合后计算出 $b = 0.94$，表明电流响应主要为表面电容控制过程。

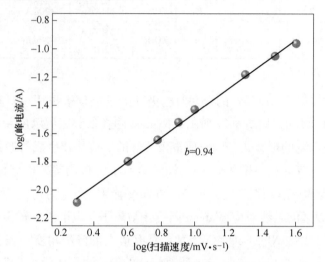

图 4-20 NF@CoO@CoO/N-C 电极 log(阳极峰电流 I)
与 log（扫描速度 v）之间的关系图

基于循环伏安测试数据，采用 Dunn 方程式 (4-5) 计算 NF@CoO@CoO/N-C 电极的电容贡献率，如图 4-21 所示。在扫描速度为 6mV/s 时，电容贡献占总电容的 85%，表明电容性的电荷存储贡献占主导[201]。

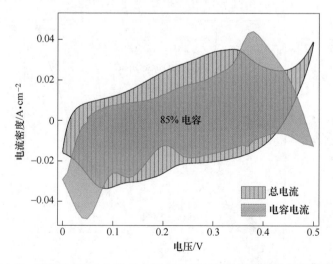

图 4-21 NF@CoO@CoO/N-C 电极在 6mV/s 扫描速度下的电容贡献图

4.3.8 器件的电化学性能研究

为了探究 NF@CoO@CoO/N-C 在实际应用中的潜能，选用 NF@CoO@CoO/N-C 电极作为正极，活性碳（AC）电极作为负极，以 PVA/KOH 为凝胶电解质组装成不对称型器件（NF@CoO@CoO/N-C//PVA/KOH//AC）。根据电荷平衡关系式（4-6）~式（4-8）计算与 NF@CoO@CoO/N-C 电极相匹配的 AC 电极的质量。

通过三电极系统测试的 NF@CoO@CoO/N-C 电极和 AC 电极的 CV 曲线如图 4-22 所示，在 10mV/s 扫描速度下，NF@CoO@CoO/N-C 电极的工作电压窗口为 0~0.5V，AC 电极的工作电压窗口为 -1~0V，那么 NF@CoO@CoO/N-C//PVA/KOH//AC 不对称全固态超级电容器的工作电压窗口可以达到 1.5V。

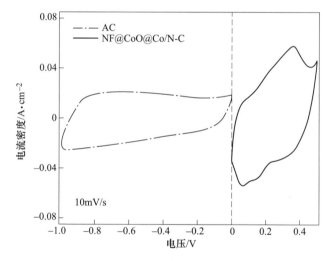

图 4-22 NF@CoO@CoO/N-C 和 AC 电极在 10mV/s 扫描速度下的 CV 曲线

对 NF@CoO@CoO/N-C//PVA/KOH//AC 不对称超级电容器进行循环伏安（CV）测试，工作电压窗口为 0~1.5V，不同扫描速度下的 CV 曲线如图 4-23 所示。随着扫描速度由 5mV/s 增加到 200mV/s，CV 曲线形状得到很好的保持，表明该不对称器件具有较高的倍率性能[202]。

对 NF@CoO@CoO/N-C//PVA/KOH//AC 不对称超级电容器进行恒电流充放电（GCD）测试，工作电压窗口为 0~1.45V，该不对称器件在不同电流密度下的 GCD 曲线如图 4-24 所示。GCD 曲线呈现扭曲的等腰三角形，可能是由电极的赝电容及固态电解质的使用引起的。根据式（4-3），计算 NF@CoO@CoO/N-C//PVA/KOH//AC 不对称超级电容器在 6mA/cm² 电流密度下的面积比电容为 1.20F/cm²，对应的体积比电容为 11.65F/cm³。当电流密度增加到 30mA/cm² 时，仍保持 0.96F/cm² 的面积比电容，对应的体积比电容为 9.32F/cm³。电流密

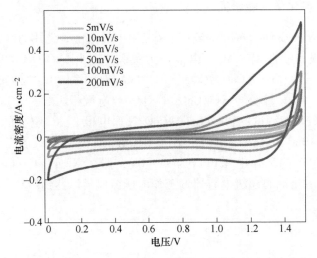

图 4-23 NF@CoO@CoO/N-C 组装的不对称柔性全固态超级
电容器在不同扫描速度下的 CV 曲线

图 4-23 彩图

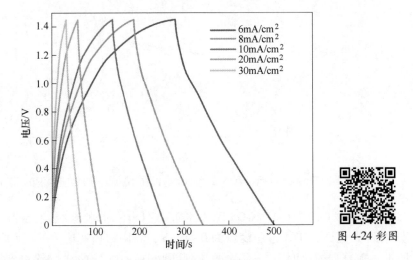

图 4-24 NF@CoO@CoO/N-C 组装的不对称柔性全固态超级电容器
在不同电流密度下的 GCD 曲线

图 4-24 彩图

度扩大 5 倍，电容保留率高达 80%，表明该不对称全固态超级电容器器件具有良好的倍率性能。

能量密度和功率密度是能源存储性能的两个重要参数，计算了该器件的能量密度和功率密度，并与文献中报道的类似电容器进行对比（见图 4-25）[190,198,203-209]。根据式（4-9）和式（4-10）计算能量密度和功率密度，该器件的最大能量密度为 3.29mW·h/cm³，对应的功率密度为 1.65W/cm³。尽管在较高功率密度（$3.05\mathrm{W/cm^3}$）下，其能量密度仍能达到 $2.15\mathrm{mW \cdot h/cm^3}$。证明该器件在一个系统中既能提供较高的能量密度也能提供较高的功率密度。

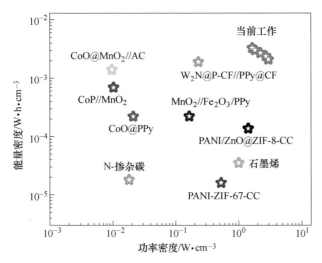

图 4-25　NF@CoO@CoO/N-C 组装的不对称柔性全固态超级电容器与之前
报道的柔性全固态超级电容器对比的 Ragone 图

为了验证 NF@CoO@CoO/N-C∥PVA/KOH∥AC 不对称全固态超级电容器在实际应用中的耐久性，通过恒电流充放电测试检测该不对称器件的循环寿命。在电流密度为 $10\mathrm{mA/cm^2}$ 条件下，进行循环充放电 10000 次测试。通过第 10000 次和第 1 次的面积比电容之比来计算循环 10000 次后的电容保留率。经计算这个不对称超级电容器在循环 10000 次后展示了 96% 的电容保留率，表明其具有超长的耐久性（见图 4-26）。图 4-26 的插图展示了 10000 次循环前后 NF@CoO@CoO/N-C 电极的 SEM 照片，由图可知 NF@CoO@CoO/N-C 电极的结构没有发生变化，表明该电极具有良好的结构稳定性。

为了探究制备的 NF@CoO@CoO/N-C∥PVA/KOH∥AC 不对称柔性全固态超级电容器在便携式可穿戴电子器件中的实际应用潜能，对该器件进行了一系列机械柔韧性测试。如图 4-27 所示，在弯折角度从 0° 增大到 180°、$10\mathrm{mA/cm^2}$ 电流密度下的 GCD 曲线几乎没有明显变化，表明该器件具有极好的柔韧性。

为了满足实际应用中需要的能量密度和功率密度，器件通过串联和并联获得更大的工作电压和输出电流。对单独一个器件、多个串联或并联的器件进行恒电流充放电测试。如图 4-28 所示，对比单独一个器件、三个串联的器件、三个并联的器件在 $10\mathrm{mA/cm^2}$ 电流密度下的 GCD 曲线，发现三者的 GCD 曲线均呈现稍微扭转的等腰三角形。三个串联的器件展示出 4.35V 的输出电压，是单独一个器件输出电压的 3 倍，而充放电时间与单独一个器件的充放电时间几乎相同。三个

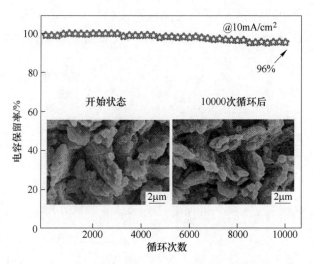

图 4-26 NF@CoO@CoO/N-C 组装的不对称柔性全固态超级电容器循环 10000 次的
电容保留率及循环前后 NF@CoO@CoO/N-C 电极的 SEM 图

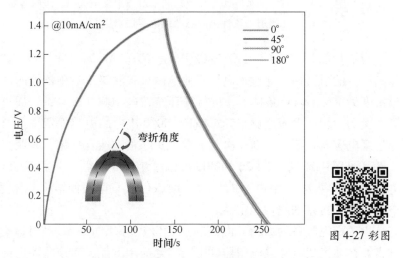

图 4-27 彩图

图 4-27 NF@CoO@CoO/N-C 组装的不对称柔性全固态超级电容器
不同弯折角度的 GCD 曲线

并联的器件展示出 1.45V 的输出电压,与单独一个器件输出电压相同,但充放电时间几乎是单独一个器件充放电时间的 3 倍。这些实验结果表明该不对称全固态超级电容器器件在实际应用中几乎没有电化学性能衰退的现象。

为了进一步检测 NF@CoO@CoO/N-C//PVA/KOH//AC 不对称柔性全固态超级电容器在实际应用中的电荷存储能力,将三个充满电的不对称电容器器件进行串联,能够成功点亮一个商用 LED 灯点阵,并能运转一个迷你型风扇(见图 4-29)。

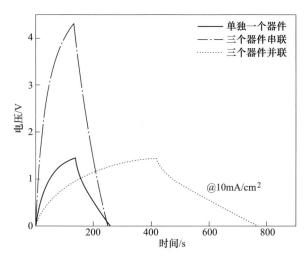

图 4-28　单独一个 NF@CoO@CoO/N-C 组装的不对称柔性全固态
超级电容器、三个串联器件和三个并联器件的 GCD 曲线

通过实际应用证明，制备的不对称柔性全固态超级电容器 NF@CoO@CoO/N-C∥
PVA/KOH∥AC，在需要快速充、放电的便携式可穿戴电子器件等应用中具有
潜能。

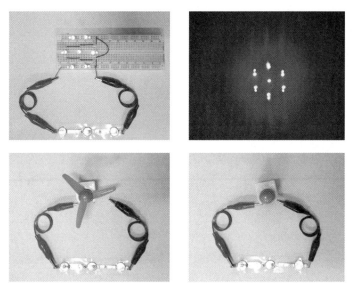

图 4-29　三个串联 NF@CoO@CoO/N-C 组装的不对称柔性全固态超级
电容器点亮一组 LED 灯点阵及运转迷你型风扇的光学照片

4.4　本　章　小　结

在本章中，NF@CoO@CoO/N-C 电极展现出极好的电容性能可归因于独特的核-壳异质结构及各个组分的协同效应。具体归于下面几点：

（1）CoO 具有的高度有序的纳米线阵列结构且与泡沫镍集流体紧密连接，可以有效地缩短电子的传输路径并提供更直接的离子/电子传输通道，而且避免了黏结剂和导电剂的使用，有效减小等效串联内阻。

（2）N-掺杂可以增强表面的浸润性，促进电极材料与电解质间电子的快速传输，加快反应动力学过程。

（3）金属钴原子作为导电路径能够有效改善电子的传输，增强电极的导电性。

（4）独特的核-壳异质结构，结合 MOFs-衍生的碳壳与六角花瓣状 CoO 核，可以提供丰富的活性位点，显著增加电极的比电容。而且，高度石墨化的碳壳对 CoO 进行原位封装，可以有效阻止 CoO 的进一步氧化和体积膨胀。

这种方法可以延伸到其他赝电容电极材料，能够有效缓解体积膨胀和结构坍塌等关键性的问题，对发展具有极好机械稳定性的高性能能源存储和转换器件具有重要意义。

5 结 论

本书以 MOFs 材料为研究对象开展研究工作，以 MOFs 为前驱体制备了
MOFs-衍生的多层级孔碳材料和 MOFs 复合材料，并作为电极材料应用于柔性全
固态超级电容器。研究了 MOFs 粒径尺寸的大小和热解温度对 MOFs-衍生碳材料
微观结构的影响，为 MOFs-衍生多孔碳的合成提供经验。开发了在集流体上原位
制备 MOFs 复合电极材料的新方法，为制备具有强机械稳定性的高性能柔性超级
电容器电极提供参考。本书研究结果及展望如下：

（1）通过温和的水热过程获得了可控粒径尺寸的 Zn(tbip) 前驱体。随后，
通过一步热解过程，热解温度为 800~1000℃，成功获得 3D 连通的多层级孔碳材
料。小尺寸 Zn(tbip) 前驱体在 900℃碳化温度制得的 C-S-900 展示出最高的比表
面积 1356m²/g 和 3D 连通的多层级孔结构，这种独特的结构能够提供更多的电荷
存储位点和畅通无阻的离子扩散路径。受益于这些特征，在扫描速度为 10mV/s
时，C-S-900 展现出最高的质量比电容 369F/g。此外，C-S-900 电极和 PVA/KOH
凝胶电解质组装的"三明治"结构的对称型柔性全固态超级电容器展示了高的
比电容、极好的机械稳定性和循环稳定性。考虑成本效益和极好的电化学性能，
C-S-900 电极在各种各样的能源相关的应用中是极具前景的材料。本章的工作证
明，MOFs 前驱体的尺寸和热解温度对衍生的多孔碳结构具有重要影响。在未来
的工作中，MOFs 衍生的多孔碳电极的电化学性能可以通过控制 MOFs 前驱体的
尺寸和热解温度来进行优化。

（2）通过设计一个新颖的"原位生长-刻蚀-包覆"合成策略制备了中空核-
壳异质结构的柔性多孔 PANI/ZnO@ZIF-8@CC 电极。这种独特的结构、活性材料
原位生长策略以及各个组分间的协同效应赋予 PANI/ZnO@ZIF-8@CC 电极拥有极
好的机械柔韧性和良好的导电性能。因此，PANI/ZnO@ZIF-8@CC 电极展现出超
高的面积比电容 4839mF/cm²（电流密度为 5mA/cm² 时）、极好的倍率性能和循
环稳定性（电流密度为 5mA/cm² 时，循环 10000 次，电容保留率 87%）。本研究
工作为丰富纯 MOFs 电极材料在柔性能源转换与存储器件中的应用提供了新的机
遇，这种合成策略可以延伸到制备其他具有高电容量和极好机械性、耐久性的柔
性超级电容器。

（3）通过设计一个可控的"原位生长-刻蚀-煅烧"合成策略制备出核-壳异
质结构的 NF@CoO@CoO/N-C 电极用于提高电容行为。NF@CoO@CoO/N-C 是由

原位生长在导电基底上的 CoO 核和 MOF 衍生的 Co-、N-共掺杂的碳壳组成的核-壳异质结构复合电极材料。这种新颖的 CoO 是由高度有序的纳米线阵列组装成的六角花瓣状结构，包含大量的可接触活性位点，而且这种独特的 Co-、N-共掺杂碳壳具有大的比表面积、多孔性、极好的稳定性、导电性和兼容性。这些特性提高了电极的比电容并有效缓解了 CoO 电极材料的体积膨胀。与其对应的氧化物电极相比，NF@CoO@CoO/N-C 电极展示了更高的面积比电容 4.24F/cm^2（电流密度为 2mA/cm^2）和更好的倍率性能 94.5%（电流密度从 2mA/cm^2 增大到 20mA/cm^2）。特别是 NF@CoO@CoO/N-C 作为正极、活性炭（AC）作为负极、PVA/KOH 作为凝胶电解质组装成不对称型柔性全固态超级电容器（NF@CoO@CoO/N-C//PVA/KOH//AC）。由于正负电极电势窗口的互补，该不对称器件具有宽的工作电压窗口（1.5V）、高的体积比电容 9.32F/cm^3、高的能量密度（3.29 ～ 2.15mW·h/cm^3）和功率密度（1.65 ～ 3.05W/cm^3），以及极好的循环稳定性（在 10mA/cm^2 电流密度下，10000 次循环，电容保留率为 96%）。这种合成方法可以延伸到其他赝电容电极材料以缓解体积膨胀、结构坍塌、导电性差等关键性问题，以此发展高性能、高机械柔韧性的能源转换与存储设备，同时该类材料可以扩展应用到电池和电催化领域。

参 考 文 献

[1] BEIDAGHI M, GOGOTSI Y. Capacitive energy storage in micro-scale devices: recent advances in design and fabrication of micro-supercapacitors [J]. Energy Environmental Science, 2014, 7: 867-884.

[2] GIBNEY E. The inside story on wearable electronics [J]. Nature, 2015, 528: 26-28.

[3] Design of architectures and materials in in-plane micro-supercapacitors: current status and future challenges [J]. Advanced Materials, 2017, 29: 1602802.

[4] WANG F, WU X, YUAN X, et al. Latest advances in supercapacitors: from new electrode materials to novel device designs [J]. Chemical Society Reviews, 2017, 46: 6816-6854.

[5] PU X, LI L, LIU M, et al. Wearable self-charging power textile based on flexible yarn supercapacitors and fabric nanogenerators [J]. Advanced Materials, 2016, 28: 98-105.

[6] LUKATSKAYA M R, DUNN B, GOGOTSI Y. Multidimensional materials and device architectures for future hybrid energy storage [J]. Nature Communications, 2016, 7: 12647-12659.

[7] YANG S, BACHMAN R E, FENG X, et al. Use of organic precursors and graphenes in the controlled synthesis of carbon-containing nanomaterials for energy storage and conversion [J]. Accounts of Chemical Research, 2013, 46: 116-128.

[8] YAO S, ZHU Y. Nanomaterial-enabled stretchable conductors: strategies, materials and devices [J]. Advanced Materials, 2015, 27: 1480-1511.

[9] WANG H, FORSE A C, GRIFFIN J M, et al. In situ NMR spectroscopy of supercapacitors: insight into the charge storage mechanism [J]. Journal of the American Chemical Society, 2013, 135: 18968-18980.

[10] SIMON P, GOGOTSI Y. Materials for electrochemical capacitors [J]. Nature Materials, 2008, 7: 845-854.

[11] CHMIOLA J, YUSHIN G, GOGOTSI Y, et al. Anomalous increase in carbon capacitance at pore sizes less than 1 nanometer [J]. Science, 2006, 313: 1760-1763.

[12] SHI H. Activated carbons and double layer capacitance [J]. Electrochimica Acta, 1996, 41: 1633-1639.

[13] KONDRAT S, GEORGI N, FEDOROV M V, et al. A superionic state in nano-porous double-layer capacitors: insights from monte carlo simulations [J]. Physical Chemistry Chemical Physics, 2011, 13: 11359-11366.

[14] MERLET C, ROTENBERG B, MADDEN P A, et al. On the molecular origin of supercapacitance in nanoporous carbon electrodes [J]. Nature Materials, 2012, 11: 306-310.

[15] HERRERO E, BULLER L J, ABRUNA H D. Underpotential deposition at single crystal surfaces of Au, Pt, Ag and other materials [J]. Chemical Reviews, 2001, 101: 1897-1930.

[16] XIAO X, DING T, YUAN L, et al. WO_{3-x}/MoO_{3-x} core/shell nanowires on carbon fabric as an

anode for all-solid-state asymmetric supercapacitors [J]. Advanced Energy Materials, 2012, 2: 1328-1332.

[17] YAN J, FAN Z, SUN W, et al. Advanced asymmetric supercapacitors based on Ni(OH)$_2$/graphene and porous graphene electrodes with high energy density [J]. Advanced Functional Materials, 2012, 22: 2632-2641.

[18] YU N, ZHU M Q, CHEN D. Flexible all-solid-state asymmetric supercapacitors with three-dimensional CoSe$_2$/carbon cloth electrodes [J]. Journal of Materials Chemistry A, 2015, 3: 7910-7918.

[19] QI D, LIU Y, LIU Z, et al. Design of architectures and materials in in-plane micro-supercapacitors: current status and future challenges [J]. Advanced Materials, 2017, 29: 1602802.

[20] LIU B, TAN D, WANG X, et al. Flexible, planar-integrated, all-solid-state fiber supercapacitors with an enhanced distributed-capacitance effect [J]. Small, 2013, 9: 1998-2004.

[21] NOH J, YOON C, KIM Y, et al. High performance asymmetric supercapacitor twisted from carbon fiber/MnO$_2$ and carbon fiber/MoO$_3$ [J]. Carbon, 2017, 116: 470-478.

[22] FU Y, CAI X, WU H, et al. Fiber Supercapacitors utilizing pen ink for flexible/wearable energy storage [J]. Advanced Materials, 2012, 24: 5713-5718.

[23] KANG Y J, CHUN S J, LEE S S, et al. All-solid-state flexible supercapacitors fabricated with bacterial nanocellulose papers, carbon nanotubes, and triblock-copolymer ion gels [J]. ACS Nano, 2012, 6: 6400-6406.

[24] WENG Z, SU Y, WANG D W, et al. Graphene-cellulose paper flexible supercapacitors [J]. Advanced Energy Materials, 2011, 1: 917-922.

[25] MIAO F, SHAO C, LI X, et al. Flexible solid-state supercapacitors based on freestanding nitrogen-doped porous carbon nanofibers derived from electrospun polyacrylonitrile@polyaniline nanofibers [J]. Journal of Materials Chemistry A, 2016, 4: 4180-4187.

[26] YUKSEL R, SARIOBA Z, CIRPAN A, et al. Transparent and flexible supercapacitors with single walled carbon nanotube thin film electrodes [J]. ACS Applied Materials Interfaces, 2014, 6: 15434-15439.

[27] EL-KADY M F, STRONG V, DUBIN S, et al. Laser scribing of high-performance and flexible graphene-based electrochemical capacitors [J]. Science, 2012, 335: 1326.

[28] SUN J, WU C, SUN X, et al. Recent progresses in high-energy-density all pseudocapacitive-electrode-materials-based asymmetric supercapacitors [J]. Journal of Materials Chemistry A, 2017, 5: 9443-9464.

[29] ZHONG Y, XIA X, SHI F, et al. Transition metal carbides and nitrides in energy storage and conversion [J]. Advanced Science, 2016, 3: 1500286.

[30] SHI Y, PENG L, DING Y, et al. Nanostructured conductive polymers for advanced energy storage [J]. Chemical Society Reviews, 2015, 44: 6684-6696.

[31] ZHANG C, HIGGINS T M, PARK S H, et al. Highly flexible and transparent solid-state

supercapacitors based on RuO_2/PEDOT: PSS conductive ultrathin films [J]. Nano Energy, 2016, 28: 495-505.

[32] CHODANKAR N R, DUBAL D P, GUND G S, et al. A symmetric MnO_2/MnO_2 flexible solid state supercapacitor operating at 1.6V with aqueous gel electrolyte [J]. Journal of Energy Chemistry, 2016, 25: 463-471.

[33] SHI P, LI L, HUA L, et al. Design of amorphous manganese oxide@multiwalled carbon nanotube fiber for robust solid-state supercapacitor [J]. ACS Nano, 2017, 11: 444-452.

[34] PANDIT B, DUBAL D P, SANKAPAL B R. Large scale flexible solid state symmetric supercapacitor through inexpensive solution processed V_2O_5 complex surface architecture [J]. Electrochimica Acta, 2017, 242: 382-389.

[35] QIAN Y, LIU R, WANG Q, et al. Efficient synthesis of hierarchical NiO nanosheets for high-performance flexible all-solid-state supercapacitors [J]. Journal of Materials Chemistry A, 2014, 2: 10917-10922.

[36] CHOI D, BLOMGREN G E, KUMTA P N. Fast and reversible surface redox reaction in nanocrystalline vanadium nitride supercapacitors [J]. Advanced Materials, 2006, 18: 1178-1182.

[37] JAVED M S, DAI S, WANG M, et al. Faradic redox active material of Cu_7S_4 nanowires with a high conductance for flexible solid state supercapacitors [J]. Nanoscale, 2015, 7: 13610-13618.

[38] LI X, ELSHAHAWY A M, GUAN C, et al. Metal phosphides and phosphates-based electrodes for electrochemical supercapacitors [J]. Small, 2017, 13: 1701530.

[39] WANG Z L. Piezopotential gated nanowire devices: piezotronics and piezo-phototronics [J]. Nano Today, 2010, 5: 540-552.

[40] QIU Y, YAN K, YANG S, et al. Synthesis of size-tunable anatase TiO_2 nanospindles and their assembly into anatase@titanium oxynitride/titanium nitride-graphene nanocomposites for rechargeable lithium ionbatteries with high cycling performance [J]. ACS Nano, 2010, 4: 6515-6526.

[41] DARCY J M, EL-KADY M F, KHINE P P, et al. Vapor-phase polymerization of nanofibrillar poly (3, 4-ethylenedioxythiophene) for supercapacitors [J]. ACS Nano, 2014, 8: 1500-1510.

[42] YANG C, ZHANG L, HU N, et al. Reduced graphene oxide/polypyrrole nanotube papers for flexible all-solid-state supercapacitors with excellent rate capability and high energy density [J]. Journal of Power Sources, 2016, 302: 39-45.

[43] ANASORI B, LUKATSKAYA M R, GOGOTSI Y. 2D metal carbides and nitrides (MXenes) for energy storage [J]. Nature Reviews Materials, 2017, 2: 16098.

[44] ANASORI B, XIE Y, BEIDAGHI M, et al. Two-dimensional, ordered, double transition metals carbides (MXenes) [J]. ACS Nano, 2015, 9: 9507-9516.

［45］ SHAHZAD F, ALHABEB M, HATTER C B, et al. Electromagnetic interference shielding with 2D transition metal carbides (MXenes) [J]. Science, 2016, 353: 1137-1140.

［46］ ZHANG C, ANASORI B, SERAL-ASCASO A. Transparent, flexible, and conductive 2D titanium carbide (MXene) films with high volumetric capacitance [J]. Advanced Materials, 2017, 29: 1702678.

［47］ LI L, YU Y, YE G J, et al. Black phosphorus field-effect transistors [J]. Nature Nanotechnology, 2014, 9: 372-377.

［48］ HAO C, YANG B, WEN F, et al. Flexible all-solid-state supercapacitors based on liquid-exfoliated black-phosphorus nanoflakes [J]. Advanced Materials, 2016, 28: 3194-3201.

［49］ LU T, DONG S, ZHANG C, et al. Fabrication of transition metal selenides and their applications in energy storage [J]. Coordination Chemistry Reviews, 2017, 332: 75-99.

［50］ YU P, FU W, ZENG Q, et al. Controllable synthesis of atomically thin type-II weyl semimetal WTe_2 nanosheets: an advanced electrode material for all-solid-state flexible supercapacitors [J]. Advanced Materials, 2017, 29: 1701909.

［51］ LONG J R, YAGHI O M. The pervasive chemistry of metal-organic frameworks [J]. Chemical Society Reviews, 2009, 38: 1213-1214.

［52］ O'KEEFFE M. Design of MOFs and intellectual content in reticular chemistry: a personal view [J]. Chemical Society Reviews, 2009, 38: 1215-1217.

［53］ ROSI N L, ECKERT J, EDDAOUDI M, et al. Hydrogen storage in microporous metal-organic frameworks [J]. Science, 2003, 300: 1127-1129.

［54］ SADAKIYO M, YAMADA T, KITAGAWA H. Rational designs for highly proton-conductive metal-organic frameworks [J]. Journal of the American Chemical Society, 2009, 131: 9906-9907.

［55］ HORCAJADA P, CHALATI T, SERRE C, et al. Porous metal-organic-framework nanoscale carriers as a potential platform for drug delivery and imaging [J]. Nature Materials, 2010, 9: 172-178.

［56］ ROCHA J, CARLOS L D, PAZ F A A, et al. Luminescent multifunctional lanthanides-based metal-organic frameworks [J]. Chemical Society Reviews, 2011, 40: 926-940.

［57］ IKEZOE Y, WASHINO G, UEMURA T, et al. Autonomous motors of a metal-organic framework powered by reorganization of self-assembled peptides at interfaces [J]. Nature Materials, 2012, 11: 1081-1085.

［58］ FALCARO P, HILL A J, NAIRN K M, et al. A new method to position and functionalize metal-organic framework crystals [J]. Nature Communication, 2011, 2: 237.

［59］ KRENO L E, HUPP J T, VAN DUYNE R P. Metal-organic framework thin film for enhanced localized surface plasmon resonance gas sensing [J]. Analytical Chemistry, 2010, 82: 8042-8046.

［60］ ZHU Q L, XU Q. Metal-organic framework composites [J]. Chemical Society Reviews, 2014,

43: 5468-5512.

[61] WEI Y, HAN S, WALKER D A, et al. Nanoparticle core/shell architectures within MOF crystals synthesized by reaction diffusion [J]. Angewandte Chemie, International Edition, 2012, 51: 7435-7439.

[62] HE L, LIU Y, LIU J, et al. Core-shell noble-metal@metal-organic-framework nanoparticles with highly selective sensing property [J]. Angewandte Chemie, International Edition, 2013, 52: 3741-3745.

[63] ASTRUC D, BOISSELIER E, ORNELAS C. Dendrimers designed for functions: from physical, photophysical, and supramolecular properties to applications in sensing, catalysis, molecular electronics, photonics, and nanomedicine [J]. Chemical Reviews, 2010, 110: 1857-1959.

[64] WHITE R J, LUQUE R, BUDARIN V L, et al. Supported metal nanoparticles on porous materials. Methods and applications [J]. Chemical Society Reviews, 2009, 38: 481-494.

[65] HWANG Y K, HONG D Y, CHANG J S, et al. Amine grafting on coordinatively unsaturated metal centers of MOFs: consequences for catalysis and metal encapsulation [J]. Angewandte Chemie, International Edition, 2008, 47: 4144-4148.

[66] VAYSSIERES L. On the design of advanced metal oxide nanomaterials [J]. International Journal Nanotechnology, 2004, 1: 1-41.

[67] HERMES S, SCHRODER F, AMIRJALAYER S, et al. Loading of porous metal-organic open frameworks with organometallic CVD precursors: inclusion compounds of the type $[L_nM]_a$@ MOF-5 [J]. Journal Materials Chemistry, 2006, 16: 2464-2472.

[68] LU G, LI S, GUO Z, et al. Imparting functionality to a metal-organic framework material by controlled nanoparticle encapsulation [J]. Nature Chemistry, 2012, 4: 310-316.

[69] KE F, QIU L G, YUAN Y P, et al. Fe_3O_4@MOF core-shell magnetic microspheres with a designable metal-organic framework shell [J]. Journal of Material Chemistry, 2012, 22: 9497-9500.

[70] ZHANG T, ZHANG X, YAN X, et al. Synthesis of Fe_3O_4@ZIF-8 magnetic core-shell microspheres and their potential application in a capillary microreactor [J]. Chemical Engineering Journal, 2013, 228: 398-404.

[71] ZHAN W W, KUANG Q, ZHOU J Z, et al. Semiconductor@metal-organic framework core-shell heterostructures: acase of ZnO@ZIF-8 nanorods with selective photoelectrochemical response [J]. Journal of the American Chemical Society, 2013, 135: 1926-1933.

[72] DEKRAFFT K E, WANG C, LIN W B. Metal-organic framework templated synthesis of Fe_2O_3/ TiO_2 nanocomposite for hydrogen production [J]. Advanced Materials, 2012, 24: 2014-2018.

[73] SLOWING I I, VIVERO-ESCOTO J L, Wu C W, et al. Mesoporous silica nanoparticles as controlled release drug delivery and gene transfection carriers [J]. Advanced Drug Delivery Reviews, 2008, 60: 1278-1288.

[74] JO C, LEE H J, OH M. One-pot synthesis of silica@coordination polymer core-shell

microspheres with controlled shell thickness [J]. Advanced Materials, 2011, 23: 1716-1719.

[75] BUSO D, NAIRN K M, GIMONA M, et al. Fast synthesis of MOF-5 microcrystals using sol-gel SiO_2 nanoparticles [J]. Chemistry of Materials, 2011, 23: 929-934.

[76] KARIMI Z, MORSALI A. Modulated formation of metal-organic frameworks by oriented growth over mesoporous silica [J]. Journal of Material Chemistry A, 2013, 1: 3047-3054.

[77] ZOU H, WU S, SHEN J. Polymer/silica nanocomposites: preparation, characterization, properties, and applications [J]. Chemical Reviews, 2008, 108: 3893-3957.

[78] UEMURA T, YANAI N, WATANABE S, et al. Unveiling thermal transitions of polymers in subnanometre pores. [J]. Nature Communications, 2010, 1: 83.

[79] ZHAO D, TAN S, YUAN D, et al. Surface functionalization of porous coordination nanocages via click chemistry and their application in drug delivery [J]. Advanced Materials, 2011, 23: 90-93.

[80] NOZIK A J, BEARD M C, LUTHER J M, et al. Semiconductor quantum dots and quantum dot arrays and applications of multiple exciton generation to third-generation photovoltaic solar cells [J]. Chemical Reviews, 2010, 110: 6873-6890.

[81] MEDINTZ I L, UYEDA H T, GOLDMAN E R, et al. Quantum dot bioconjugates for imaging, labelling and sensing [J]. Nature Materials, 2005, 4: 435-446.

[82] JIN S, SON HJ, FARHA O K, et al. Energy transfer from quantum dots to metal-organic frameworks for enhanced light harvesting [J]. Journal of the American Chemical Society, 2013, 135: 955-958.

[83] HASENKNOPF B. Polyoxometalates: introduction to a class of inorganic compounds and their biomedical applications [J]. Frontiers in Bioscience, 2005, 10: 275-287.

[84] KATSOULIS D E. A Survey of applications of polyoxometalates [J]. Chemical Reviews, 1998, 98: 359-388.

[85] KOZHEVNIKOV I V. Catalysis by heteropoly acids and multicomponent polyoxometalates in liquid-phase reactions [J]. Chemical Reviews, 1998, 98: 171-198.

[86] MA F J, LIU S X, SUN C Y, et al. A sodalite-type porous metal-organic framework with polyoxometalate templates: adsorption and decomposition of dimethyl methylphosphonate [J]. Journal of the American Chemical Society, 2011, 133: 4178-4181.

[87] FRACKOWIAK E, BEGUIN F. Carbon materials for the electrochemical storage of energy in capacitors [J]. Carbon, 2001, 39: 937-950.

[88] HUANG X, QI X, BOEY F, et al. Graphene-based composites [J]. Chemical Society Reviews, 2012, 41: 666-686.

[89] SMART S K, CASSADY A I, LU G Q, et al. The biocompatibility of carbon nanotubes [J]. Carbon, 2006, 44: 1034-1047.

[90] FURUKAWA S, HIRAI K, NAKAGAWA K, et al. Heterogeneously hybridized porous coordination polymer crystals: fabrication of heterometallic core-shell single crystals with an in-

plane rotational epitaxial relationship [J]. Angewandte Chemie, International Edition, 2009, 48: 1766-1770.

[91] GADZIKWA T, FARHA O K, MALLIAKAS C D, et al. Selective bifunctional modification of a non-catenated metal-organic framework material via "click" chemistry [J]. Journal of the American Chemical Society, 2009, 131: 13613-13615.

[92] SCHMID A, DORDICK J, HAUER B, et al. Industrial biocatalysis today and tomorrow [J]. Nature, 2001, 409: 258-268.

[93] ZHOU Z, HARTMANN M. Recent progress in biocatalysis with enzymes immobilized on mesoporous hosts [J]. Topics Catalysis, 2012, 55: 1081-1100.

[94] HUDSON S, COONEY J, MAGNER E. Proteins in mesoporous silicates [J]. Angewandte Chemie, International Edition, 2008, 47: 8582-8594.

[95] JUNG S, KIM Y, KIM SJ, et al. Bio-functionalization of metal-organic frameworks by covalent protein conjugation [J]. Chemical Communications, 2011, 47: 2904-2906.

[96] DENG H, GRUNDER S, CORDOVA K E, et al. Large-pore apertures in a series of metal-organic frameworks [J]. Science, 2012, 336: 1018-1023.

[97] NISHIYABU R, HASHIMOTO N, CHO T, et al. Nanoparticles of adaptive supramolecular networks self-assembled from nucleotides and lanthanide ions [J]. Journal of the American Chemical Society, 2009, 131: 2151-2158.

[98] ZHOU T, DU Y, BORGNA A, et al. Post-synthesis modification of a metal-organic framework to construct a bifunctional photocatalyst for hydrogen production [J]. Energy Environmental Science, 2013, 6: 3229-3234.

[99] KOCKRICK E, LESCOUET T, KUDRIK E V, et al. Synergistic effects of encapsulated phthalocyanine complexes in MIL-101 for the selective aerobic oxidation of tetralin [J]. Chemical Communications, 2011, 47: 1562-1564.

[100] CUNHA D, GAUDIN C, COLINET I, et al. Rationalization of the entrapping of bioactive molecules into a series of functionalized porous zirconium terephthalate MOFs [J]. Journal of Materials Chemistry B, 2013, 1: 1101-1108.

[101] HERMANN D, EMERICH H, LEPSKI R, et al. Metal-organic frameworks as hosts for photochromic guest molecules [J]. Inorganic Chemistry, 2013, 52: 2744-2749.

[102] SUH M P, PARK H J, PRASAD T K, et al. Hydrogen storage in metal-organic frameworks [J]. Chemical Reviews, 2011, 112: 782-835.

[103] LIM DW, YOON J W, RYU K Y, et al. Magnesium nanocrystals embedded in a metal-organic framework: hybrid hydrogen storage with synergistic effect on physi-and chemisorption [J]. Angewandte Chemie, Internationl Edition, 2012, 51: 9814-9817.

[104] GREATHOUSE J A, ALLENDORF M D. The interaction of water with MOF-5 simulated by molecular dynamics [J]. Journal of the American Chemical Society, 2006, 128: 10678-10679.

［105］ FEREY G, MELLOT-DRAZNIEKS C, SERRE C, et al. A chromium terephthalate-based solid with unusually large pore volumes and surface area ［J］. Science, 2005, 309: 2040-2042.

［106］ PARK K S, NI Z, COTE A P, et al. Exceptional chemical and thermal stability of zeolitic imidazolate frameworks ［J］. Proceedings of the National Academy Science of the United States of America, 2006, 103: 10186-10191.

［107］ ISHIDA T, NAGAOKA M, AKITA T, et al. Deposition of gold clusters on porous coordination polymers by solid grinding and their catalytic activity in aerobic oxidation of alcohols ［J］. Chemistry A European Journal, 2008, 14: 8456-8460.

［108］ CHANG S, KO H, SINGAMANENI S, et al. Nanoporous membranes with mixed nanoclusters for raman-based label-free monitoring of peroxide compounds ［J］. Analytical Chemistry, 2009, 81: 5740-5748.

［109］ PANARIN A Y, CHIRVONY V S, KHOLOSTOV K I, et al. Formation of SERS-active silver structures on the surface of mesoporous silicon ［J］. Journal of Applied Spectroscopy, 2009, 76: 280-287.

［110］ LIN W, RIETER W J, TAYLOR K M L. Modular synthesis of functional nanoscale coordination polymers ［J］. Angewandte Chemie, International Edition, 2009, 48: 650-658.

［111］ RIETER W J, TAYLOR K M, LIN W. Surface modification and functionalization of nanoscale metal-organic frameworks for controlled release and luminescence sensing ［J］. Journal of the American Chemical Society, 2007, 129: 9852-9853.

［112］ PETIT C, BANDOSZ T J. Exploring the coordination chemistry of MOF-graphite oxide composites and their applications as adsorbents ［J］. Dalton Transactions, 2012, 41: 4027-4035.

［113］ PETIT C, MENDOZA B, BANDOSZ T J. Reactive adsorption of ammonia on Cu-based MOF/graphene composites ［J］. Langmuir, 2010, 26: 15302-15309.

［114］ PETIT C, BANDOSZ T J. MOF-graphite oxide nanocomposites: surface characterization and evaluation as adsorbents of ammonia ［J］. Journal of Materials Chemistry, 2009, 19: 6521-6528.

［115］ LEVASSEUR B, PETIT C, BANDOSZ T J. Reactive adsorption of NO_2 on copper-based metal-organic framework and graphite oxide/metal-organic framework composites ［J］. ACS Applied Materials Interfaces, 2010, 2: 3606-3613.

［116］ PETIT C, LEVASSEUR B, MENDOZA B, et al. Reactive adsorption of acidic gases on MOF/graphite oxide composites ［J］. Microporous and Mesoporous Materials, 2012, 154: 107-112.

［117］ FARHA O K, ERYAZICI I, JEONG N C. Metal-organic framework materials with ultrahigh surface areas: is the sky the limit? ［J］. Journal of the American Chemical Society, 2012, 134: 15016-15021.

［118］ KUMAR R, JAYARAMULU K, MAJI T K, et al. Hybrid nanocomposites of ZIF-8 with graphene oxide exhibiting tunable morphology, significant CO_2 uptake and other novel properties [J]. Chemical Communications, 2013, 49: 4947-4949.

[119] LIU S, SUN L, XU F, et al. Nanosized Cu-MOFs induced by graphene oxide and enhanced gas storage capacity [J]. Energy Environmental Science, 2013, 6: 818-823.

[120] JAHAN M, BAO Q, YANG JX, et al. Structure-directing role of graphene in the synthesis of metal-organic framework nanowire [J]. Journal of the American Chemical Society, 2010, 132: 14487-14495.

[121] PETIT C, WRABETZ S, BANDOSZ T J. Microcalorimetric insight into the analysis of the reactive adsorption of ammonia on Cu-MOF and its composite with graphite oxide [J]. Journal of Materials Chemistry, 2012, 22: 21443-21447.

[122] BANDOSZT, PETIT C. MOF/graphite oxide hybrid materials: exploring the new concept of adsorbents and catalysts [J]. Adsorption, 2011, 17: 5-16.

[123] PETIT C, HUANG L, JAGIELLO J, et al. Toward understanding reactive adsorption of ammonia on Cu-MOF/graphite oxide nanocomposites [J]. Langmuir, 2011, 27: 13043-13051.

[124] PETIT C, MENDOZA B, BANDOSZ T J. Hydrogen sulfide adsorption on MOFs and MOF/graphite oxide composites [J]. ChemPhysChem, 2010, 11: 3678-3684.

[125] KE F, QIU L G, YUAN Y P, et al. Fe_3O_4@MOF core-shell magnetic microspheres with a designable metal-organic framework shell [J]. Journal of Materials Chemistry, 2012, 22: 9497-9500.

[126] LI P P, JIN Z Y, PENG L, et al. Stretchable all-gel-state fiber-shaped supercapacitors enabled by macromolecularly interconnected 3D graphene/nanostructured conductive polymer hydrogels [J]. Advanced Materials, 2018, 30: 1800124.

[127] WANG F X, WU X W, YUAN X H, et al. Latest advances in supercapacitors: from new electrode materials to novel device designs [J]. Chemical Society Reviews, 2017, 46: 6816-6854.

[128] LI X L, ZHI L J. Graphene hybridization for energy storage applications [J]. Chemical Society Reviews, 2018, 47: 3189-3216.

[129] AMALI A J, SUN J K, XU Q, et al. From assembled metal-organic framework nanoparticles to hierarchically porous carbon for electrochemical energy storage [J]. Chemical Communication, 2014, 50: 1519-1522.

[130] LIU B, SHIOYAMA H, AKITA T, et al. Metal-organic framework as a template for porous carbon synthesis [J]. Journal of the American Chemical Society, 2008, 130: 5390-5391.

[131] TANG J, SALUNKHE R R, LIU J, et al. Thermal conversion of core-shell metal-organic frameworks: a new method for selectively functionalized nanoporous hybrid carbon [J]. Journal of the American Chemical Society, 2015, 137: 1572-1580.

[132] SALUNKHE R R, KAMACHI Y, TORAD N L, et al. Fabrication of symmetric supercapacitors based on MOF-derived nanoporous carbons [J]. Journal of Materials Chemistry A, 2014, 2:

19848-19854.

[133] PACHFULE P, SHINDE D, MAJUMDER M, et al. Fabrication of carbon nanorods and graphene nanoribbons from a metal-organic framework [J]. Nature Chemistry, 2016, 8: 718-724.

[134] DANG S, ZHU Q L, XU Q. Nanomaterials derived from metal-organic frameworks [J]. Nature Reviews Materials, 2017, 3: 17075.

[135] PAN L, PARKER B, HUANG X Y, et al. Zn(tbip) (H$_2$tbip= 5-tert-butyl isophthalic acid): a highly stable guest-free microporous metal organic framework with unique gas separation capability [J]. Journal of the American Chemical Society, 2006, 128: 4180-4181.

[136] ZHANG P, SUN F, SHEN Z G, et al. ZIF-derived porous carbon: a promising supercapacitor electrode material [J]. Journal of Materials Chemistry A, 2014, 2: 12873-12880.

[137] ZHANG J, YANG D G, LI W J, et al. Synthesis and electrochemical performance of porous carbons by carbonization of self-assembled polymer bricks [J]. Electrochimica Acta, 2014, 130: 699-706.

[138] ZHAO Y H, LIU M X, DENG X X, et al. Nitrogen-functionalized microporous carbon nanoparticles for high performance supercapacitor electrode [J]. Electrochimica Acta, 2015, 153: 448-455.

[139] ZHU J Y, CHILDRESS A S, KARAKAYA M, et al. Defect-engineered graphene for high-energy- and high-power-density supercapacitor devices [J]. Advanced Materials, 2016, 28: 7185-7192.

[140] ZHONG S, ZHAN C X, CAO D P. Zeolitic imidazolate framework-derived nitrogen-doped porous carbons as high performance supercapacitor electrode materials [J]. Carbon, 2015, 85: 51-59.

[141] XIA W, QIU B, XIA D G, et al. Facile preparation of hierarchically porous carbons from metal-organic gels and their application in energy storage [J]. Scientific Reports, 2013, 3: 1935.

[142] LIU B, SHIOYAMA H, JIANG H L, et al. Metal-organic framework (MOF) as a template for syntheses of nanoporous carbons as electrode materials for supercapacitor [J]. Carbon, 2010, 48: 456-463.

[143] ZHAO C M, DAI X Y, YAO T, et al. Ionic exchange of metal-organic frameworks to access single nickel sites for efficient electroreduction of CO$_2$ [J]. Journal of the American Chemical Society, 2017, 139: 8078-8081.

[144] JIANG H L, LIU B, LAN Y Q, et al. From metal-organic framework to nanoporous carbon: toward a very high surface area and hydrogen uptake [J]. Journal of the American Chemical Society, 2011, 133: 11854-11857.

[145] HAO L, NING J, LOU B, et al. Structural evolution of 2D microporous covalent triazine-based framework toward the study of high-performance supercapacitors [J]. Journal of the American

Chemical Society, 2015, 137: 219-225.

[146] MILLER J R, OUTLAW R A, HOLLOWAY B C. Graphene double-layer capacitor with ac line-filtering performance [J]. Science, 2010, 329: 1637-1639.

[147] FAN X M, YU C, YANG J, et al. A layered-nanospace-confinement strategy for the synthesis of two-dimensional porous carbon nanosheets for high-rate performance supercapacitors [J]. Advanced Energy Materials, 2014, 5: 1401761.

[148] BU Y F, SUN T, CAI Y J, et al. Compressing carbon nanocages by capillarity for optimizing porous structures toward ultrahigh-volumetric-performance supercapacitors [J]. Advanced Materials, 2017, 29: 1700470.

[149] KANG J L, ZHANG S F, ZHANG Z J. Three-dimensional binder-free nanoarchitectures for advanced pseudocapacitors [J]. Advanced Materials, 2017, 29: 1700515.

[150] CHOUDHARY N, LI C, MOORE J L, et al. Asymmetric supercapacitor electrodes and devices [J]. Advanced Materials, 2017, 29: 1605336.

[151] LI X Q, HAO CL, TANG B C, et al. Supercapacitor electrode materials with hierarchically structured pores from carbonization of MWCNTs and ZIF-8 composites [J]. Nanoscale, 2017, 9: 2178-2187.

[152] ZHENG C, QI L, YOSHIO M, et al. Cooperation of micro- and meso-porous carbon electrode materials in electric double-layer capacitors [J]. Journal of Power Sources, 2010, 195: 4406-4409.

[153] CONWAY B E. Transition from "supercapacitor" to "battery" behavior in electrochemical energy storage [J]. Journal of Electrochemical Society, 1991, 138: 1539-1548.

[154] WANG Q, YAN J, WEI T, et al. Two-dimensional mesoporous carbon sheet-like framework material for high-rate supercapacitors [J]. Carbon, 2013, 60: 481-487.

[155] HE X J, ZHAO N, QIU J S, et al. Synthesis of hierarchical porous carbons for supercapacitors from coal tar pitch with nano-Fe_2O_3 as template and activation agent coupled with KOH activation [J]. Journal of Materials Chemistry A, 2013, 1: 9440-9448. .

[156] HE X J, LI R C, QIU J S, et al. Synthesis of mesoporous carbons for supercapacitors from coal tar pitch by coupling microwave-assisted KOH activation with a MgO template [J]. Carbon, 2012, 50: 4911-4921.

[157] KIM B C, HONG J Y, WALLACE G G, et al. Recent progress in flexible electrochemical capacitors: electrode materials, device configuration, and functions [J]. Advanced Energy Materials, 2015, 5: 1500959.

[158] ZHI J, LIN C Y, CUI H L, et al. Flexible all solid state supercapacitor with high energy density employing black titania nanoparticles as a conductive agent [J]. Nanoscale, 2016, 8: 4054-4062.

[159] DUBAL D P, CHODANKAR N R, KIM D H, et al. Towards flexible solid-state supercapacitors for smart and wearable electronics [J]. Chemical Society Reviews, 2018, 47:

2065-2129.

[160] GAWANDE M B, GOSWAMI A, ASEFA T, et al. Core-shell nanoparticles: synthesis and applications in catalysis and electrocatalysis [J]. Chemical Society Reviews, 2015, 44: 7540-7590.

[161] DONG S H, LI C X, LI Z Q, et al. Mesoporous hollow Sb/ZnS@C core-shell heterostructures as anodes for high-performance sodium-ion batteries [J]. Small, 2018, 14: 1704517.

[162] XIA C, CHEN W, WANG X B, et al. Highly stable supercapacitors with conducting polymer core-shell electrodes for energy storage applications [J]. Advanced Energy Materials, 2015, 5: 1401805.

[163] YU L, HU H, WU H B. Complex Hollow nanostructures: synthesis and energy-related applications [J]. Advanced Materials, 2017, 29: 1604563.

[164] LIAO P Q, SHEN J Q, ZHANG J P. Metal-organic frameworks for electrocatalysis [J]. Coordination Chemistry Reviews, 2018, 373: 22-48.

[165] WANG L, FENG X, REN L T, et al. Flexible solid-state supercapacitor based on a metal-organic framework interwoven by electrochemically-deposited PANI [J]. Journal of the American Chemical Society, 2015, 137: 4920-4923.

[166] XU K B, ZOU R J, LI W Y, et al. Design and synthesis of 3D interconnected mesoporous $NiCo_2O_4@Co_xNi_{1-x}(OH)_2$ core-shell nanosheet arrays with large areal capacitance and high rate performance for supercapacitors [J]. Journal of Materials Chemistry A, 2014, 2: 10090-10097.

[167] SAHU V, GOEL S, SHARMA R K, et al. Zinc oxide nanoring embedded lacey graphene nanoribbons in symmetric/asymmetric electrochemical capacitive energy storage [J]. Nanoscale, 2015, 7: 20642-20651.

[168] LI P P, JIN Z Y, PENG L L, et al. Stretchable all-gel-state fiber-shaped supercapacitors enabled by macromolecularly interconnected 3D graphene/nanostructured conductive polymer hydrogels [J]. Advanced Materials, 2018, 30: 1800124.

[169] WANG J, TANG J, DING B, et al. Hierarchical porous carbons with layer-by-layer motif architectures from confined soft-template self-assembly in layered materials [J]. Nature Communication, 2017, 8: 15717.

[170] KIM M, LEE C, JANG J. Fabrication of highly flexible, scalable, and high-performance supercapacitors using polyaniline/reduced graphene oxide film with enhanced electrical conductivity and crystallinity [J]. Advanced Functional Materials, 2014, 24: 2489-2499.

[171] CHENG M, MENG Y N, MENG Q H, et al. A hierarchical porous N-doped carbon electrode with superior rate performance and cycling stability for flexible supercapacitors [J]. Materials Chemistry Frontiers, 2018, 2: 986-992.

[172] WU J J, PENG J, YU Z, et al. Acid-assisted exfoliation toward metallic sub-nanopore TaS_2 monolayer with high volumetric capacitance [J]. Journal of the American Chemical Society,

2018, 140: 493-498.

[173] ZHOU K, HE Y, XU Q C, et al. A hydrogel of ultrathin pure polyaniline nanofibers: oxidant-templating preparation and supercapacitor application [J]. ACS Nano, 2018, 12: 5888-5894.

[174] WANG F X, WU X W, YUAN X H, et al. Latest advances in supercapacitors: from new electrode materials to novel device designs [J]. Chemical Society Reviews, 2017, 46: 6816-6854.

[175] DUBAL D P, CHODANKAR N R, KIM D H, et al. Towards flexible solid-state supercapacitors for smart and wearable electronics [J]. Chemical Society Reviews, 2018, 47: 2065-2129.

[176] AUGUSTYN V, SIMON P, DUNN B. Pseudocapacitive oxide materials for high-rate electrochemical energy storage [J]. Energy Environmental Science, 2014, 7: 1597-1614.

[177] WANG S Z, LI L L, SHAO Y L, et al. Transition-metal oxynitride: a facile strategy for improving electrochemical capacitor storage [J]. Advanced Materials, 2019, 31: 1806088.

[178] JI X, CHENG S, YANG L F, et al. Phase transition-inducedelectrochemical performance enhancement of hierarchical $CoCO_3$/CoO nanostructurefor pseudocapacitorelectrode [J]. Nano Energy, 2015, 11: 736-745.

[179] ZHOU C, ZHANG Y W, LI Y Y, et al. Construction of high-capacitance 3D CoO@polypyrrole nanowire array electrode for aqueous asymmetric supercapacitor [J]. Nano Letters, 2013, 13: 2078-2085.

[180] BINITHA G, ASHISH A G, RAMASUBRAMONIAN D, et al. 3D interconnected networks of graphene and flower-like cobalt oxide microstructures with improved lithium storage [J]. Advanced Materials Interfaces, 2016, 3: 1500419.

[181] ZHAO H, LIU L, VELLACHERI R, et al. Recent advances in designing and fabricating self-supported nanoelectrodes for supercapacitors [J]. Advanced Science, 2017, 4: 1700188.

[182] SUN X Z, LU Y X, LI T T, et al. Metallic CoO/Co heterostructures stabilized in an ultrathin amorphous carbon shell for highperformance electrochemical supercapacitive behaviour [J]. Journal of Materials Chemistry A, 2019, 7: 372-380.

[183] LIN R B, XIANG S C, LI B, et al. Our journey of developing multifunctional metal-organic frameworks [J]. Coordination Chemistry Reviews, 2019, 384: 21-36.

[184] CAO X H, TAN C L, SINDOROB M, et al. Hybrid micro-/nano-structures derived from metal-organic frameworks: preparation and applications in energy storage and conversion [J]. Chemical Society Reviews, 2017, 46: 2660-2677.

[185] CAI Z X, WANG Z L, KIM J, et al. Hollow functional materials derived from metal-organic frameworks: synthetic strategies, conversion mechanisms, and electrochemical applications [J]. Advanced Materials, 2019, 31: 1804903.

[186] MA T Y, DAI S, JARONICE M, et al. Metal-organic framework derived hybrid Co_3O_4-carbon porous nanowire arrays as reversible oxygen evolution electrodes [J]. Journal of the American

Chemical Society, 2014, 136: 13925-13931.

[187] ZHOU J, DOU Y B, ZHOU A, et al. MOF template-directed fabrication of hierarchically structured electrocatalysts for efficient oxygen [J]. Advanced Energy Materials, 2017, 7: 1602643.

[188] PARK H, OH S, LEE S, et al. Cobalt- and nitrogen-codoped porous carbon catalyst made from core-shell type hybrid metal-organic framework (ZIF-L@ZIF-67) and its efficient oxygen reduction reaction (ORR) activity [J]. Applied Catalysis B: Environmental, 2019, 246: 322-329.

[189] ZHANG W, JIANG X F, WANG X B, et al. Spontaneous weaving of graphitic carbon networks synthesized by pyrolysis of ZIF-67 crystals [J]. Angewandte Chemie, International Edition, 2017, 129: 8555-8560.

[190] DUBAL D P, CHODANKAR N R, QIAO S Z. Tungsten nitride nanodots embedded phosphorous modified carbon fabric as flexible and robust electrode for asymmetric pseudocapacitor [J]. Small, 2018, 1804104.

[191] ZHENG C, CAO C B, ALI Z, et al. Enhanced electrochemical performance of ball milled CoO for supercapacitor applications [J]. Journal of Materials Chemistry A, 2014, 2: 16467-16473.

[192] DURAISAMY E, DAS H T, SHARMA A S, et al. Supercapacitor and photocatalytic performances of hydrothermally-derived Co_3O_4/CoO@carbon nanocomposite [J]. New Journal of Chemistry, 2018, 42: 6114-6124.

[193] DENG J C, KANG L T, BAI G L, et al. Solution combustion synthesis of cobalt oxides (Co_3O_4 and Co_3O_4/CoO) nanoparticles as supercapacitor electrode materials [J]. Electrochimica Acta, 2017, 132: 127-135.

[194] XU DY, MU C P, XIANG J Y, et al. Carbon-encapsulated Co_3O_4@CoO@Co nanocomposites for multifunctional applications in enhanced long-life lithium storage, supercapacitor and oxygen evolution reaction [J]. Electrochimica Acta, 2016, 220: 322-330.

[195] SHI C, CHEN M W, HAN X, et al. Thiacalix [4] arene-supported tetradecanuclear cobalt nanocage cluster as precursor to synthesize CoO/Co_9S_8@CN composite for supercapacitor application [J]. Inorganic Chermistry Frontiers, 2018, 5: 1329-1335.

[196] JI X, CHENG S, YANG L F, et al. Phase transition-induced electrochemical performance enhancement of hierarchical $CoCO_3/CoO$ nanostructure for pseudocapacitor electrode [J]. Nano Energy, 2015, 11: 736-745.

[197] TANG N, WANG W, YOU H H, et al. Morphology tuning of porous CoO nanowall towards enhanced electrochemical performance as supercapacitors electrodes [J]. Catalysis Today, 2019, 15, 240-245.

[198] WANG X Z, XIAO Y H, SU D C, et al. Hierarchical porous cobalt monoxide nanosheet@ ultrathin manganese dioxide nanosheet core-shell arrays for high-performance asymmetric

supercapacitor [J]. International Journal of Hydrogen Energy, 2016, 41: 13540-13548.

[199] LONG J Y, YAN Z S, GONG Y, et al. MOF-derived Cl/O-doped C/CoO and C nanoparticles for high performance supercapacitor [J]. Applied Surface Science, 2018, 448: 50-63.

[200] WANG X Z, XIAO Y H, SU D C, et al. High-quality porous cobalt monoxide nanowires@ ultrathin manganese dioxide sheets core-shell nanowire arrays on Ni foam for high-performance supercapacitor [J]. Electrochimica Acta, 2016, 194: 377-384.

[201] HUANG Z H, SONG Y, FENG D Y, et al. High mass loading MnO_2 with hierarchical nanostructures for supercapacitors [J]. ACS Nano, 2018, 12: 3557-3567.

[202] YANG PY, WU Z Y, JIANG Y C, et al. Fractal $(Ni_xCo_{1-x})_9Se_8$ nanodendrite arrays with highly exposed (011) surface for wearable, all-solid-state supercapacitor [J]. Advanced Energy Materials, 2018, 8: 1801392.

[203] WANG L B, YANG H L, LIU X X, et al. Constructing hierarchical tectorum-like a-Fe_2O_3/ PPy nanoarrays on carbon cloth for solid-state asymmetric supercapacitors [J]. Angewandte Chemie, International Edition, 2017, 56: 1105-1110.

[204] EL-KADY M F, STRONG V, DUBIN S, et al. Laser scribing of high-performance and flexible graphene-based electrochemical capacitors [J]. Science, 2012, 335: 1326-1330.

[205] XIAO K, DING L X, LIU G X, et al. Freestanding, hydrophilic nitrogen-doped carbon foams for highly compressible all solid-state supercapacitors [J]. Advanced Materials, 2016, 28: 5997-6002.

[206] ZHOU C, ZHANG Y W, LI Y Y, et al. Construction of high-capacitance 3D CoO@polypyrrole nanowire array electrode for aqueous asymmetric supercapacitor [J]. Nano Letters, 2013, 13: 2078-2085.

[207] ZHENG Z, RETANA M, HU X B, et al. Three-dimensional cobalt phosphide nanowire arrays as negative electrode material for flexible solid-state asymmetric supercapacitors [J]. ACS Applied Materials Interfaces, 2017, 9: 16986-16994.

[208] WANG L, FENG X, REN L T, et al. Flexible solid-state supercapacitor based on a metal-organic framework interwoven by electrochemically-deposited PANI [J]. Journal of the American Chemical Society, 2015, 137: 4920-4923.

[209] CAO X M, HAN Z B. Hollow core-shell ZnO@ZIF-8 on carbon cloth for flexible supercapacitors with ultrahigh areal capacitance [J]. Chemistry Communication, 2019, 55: 1746-1749.